Kapazitätsplanung bei moderner Fließfertigung

Schriften zur Quantitativen Betriebswirtschaftslehre

Band 1: Martin Kühn
Flexibilität in logistischen Systemen
1989. 240 Seiten. DM 65,-
ISBN 3-7908-0450-9

Christoph Schneeweiß
Volkmar Söhner

Kapazitätsplanung bei moderner Fließfertigung

Mit 27 Abbildungen

Springer-Verlag Berlin Heidelberg GmbH

Reihenherausgeber
Prof. Dr. Christoph Schneeweiß, Universität Mannheim

Autoren
Prof. Dr. Christoph Schneeweiß
Dipl.-Wirtsch.-Inf. Volkmar Söhner
Lehrstuhl für Allgemeine Betriebswirtschaftslehre
und Unternehmensforschung
Universität Mannheim
Schloß
D-6800 Mannheim 1

ISBN 978-3-7908-0576-5

CIP-Titelaufnahme der Deutschen Bibliothek
Kapazitätsplanung bei moderner Fliessfertigung / Christoph
Schneeweiss; Volkmar Söhner.
(Schriften zur quantitativen Betriebswirtschaftslehre; 2)
ISBN 978-3-7908-0576-5   ISBN 978-3-662-12136-8 (eBook)
DOI 10.1007/978-3-662-12136-8
NE: Schneeweiss, Christoph; Söhner, Volkmar; GT

7120/7130-543210

Vorwort

Dieser 2. Band der Physica-Reihe "Schriften zur Quantitativen Betriebswirtschaftslehre" faßt zwei Ausarbeitungen zusammen, die sich mit dem aktuellen Problem der Variantenfertigung auf Fließbändern befassen. Sie sind letztlich Ergebnis der langjährigen Zusammenarbeit meines Lehrstuhls mit Unternehmungen des Fahrzeug-, Maschinen- und Apparatebaus.

Moderne Fließbandfertigung zeichnet sich dadurch aus, daß nicht mehr große Stückzahlen identischer Werkstücke gefertigt werden, sondern eine Vielzahl unterschiedlicher Varianten. Diese hohe Variantenvielfalt führt zu Planungsaufgaben, die von Theorie und Praxis bisher nur unzureichend gelöst werden konnten. Im Zentrum des Interesses stehen hierbei der Bandabgleich für einen Auftragsmix und die kurzfristige Kapazitätsglättung für sämtliche Stationen eines Bandes. In Anbetracht der Bedeutung, die in vielen Industriezweigen der modernen variantenreichen Fließbandfertigung zukommt, könnte man von dem neuen anwendungsbezogenen Forschungsgebiet der Variantenfließfertigung sprechen.

Die folgenden beiden Arbeiten greifen zwei Fragestellungen auf, die der Kapazitätsglättung zuzurechnen sind. In der Arbeit von Herrn Dipl.-Wirtsch.-Inf. Volkmar Söhner wird eine Kapazitätsglättung durch optimale Wahl der Auftragsreihenfolge untersucht. Mein eigener Beitrag faßt im Anschluß daran einen Vortrag zusammen, den ich vor Personal- und Produktionsleitern namhafter Unternehmungen gehalten habe. Er geht stärker auf die konzeptionellen Zusammenhänge zwischen Personal- und Produktionsbereich ein und ist daher arbeitswirtschaftlichen Fragen der Variantenfließfertigung zuzurechnen.

Beiden Arbeiten habe ich eine verbindende allgemeine Betrachtung vorangestellt. Sie bettet das Reihenfolgeproblem an Variantenfließbändern in den weiter gefaßten Problemkreis des Kapazitätsabgleichs ein.

Die Arbeit von Herrn Söhner wäre in der vorliegenden Form nicht möglich gewesen ohne die Vorarbeit und Unterstützung von Frau Dipl.-Wirtsch.-Inf. M. Decker und Herrn Dr. H.-J. Vaterrodt. Ihnen sei auch an dieser Stelle herzlich gedankt.

Mannheim, im April 1991   Ch. Schneeweiß

Inhaltsverzeichnis

Ch. Schneeweiß

Kapazitätsabgleich bei moderner Fließfertigung —
Einige allgemeine Überlegungen

Moderne fließbandgebundene Massenfertigung erzeugt heute nicht nur eine einzige Produktart, sondern simultan eine beachtliche Vielfalt von Varianten. Zu unterschiedlich sind die Wünsche des Marktes, auf die sich ein Unternehmen flexibel einzustellen hat: Ein Beharren auf der Fertigungsorganisation des legendären Ford'schen Model T wäre tödlich. Zumindest auf der Endstufe der Fertigung, wenn es im Geräte-, Maschinen- und Fahrzeugbau häufig darum geht, die (End-)Montage über Montagebänder laufen zu lassen, hat man sich auf eine hohe Variabilität einzustellen. Man spricht daher allgemein, wegen der durch die Variantenvielfalt verursachten spezifischen Probleme, von **Variantenfließfertigung**. Die hierbei auftretenden besonderen Fragestellungen rechtfertigen die Herausstellung der Variantenfließfertigung als eigenes wissenschaftliches Untersuchungsfeld.

Es dürfte verständlich sein, daß mit der Variantenfließfertigung einer der wesentlichen Vorteile der Massenfertigung, nämlich die Konstanz der Arbeitsabläufe, in Frage gestellt ist. So ist z.B. eine exakte Austaktung von Montagebändern nicht mehr möglich. Diese Schwierigkeit hat u.a. dazu geführt, daß man in einer Reihe von Unternehmungen Fließbänder zugunsten von Fertigungsinseln aufgegeben hat. Bisweilen ist man sogar zu einer Baustellenfertigung übergegangen. Andererseits ist jedoch auch verständlich, daß man insbesondere im Fahrzeugbau in vielen Fällen nicht von der Fließbandorganisation abgehen kann oder eine Umstellung erst in längeren Zeiträumen vollziehbar ist.

Um mit der marktseitig geforderten Variantenvielfalt fertig zu werden, ohne daß man an der Anordnung der Bänder etwas ändert, sieht die Praxis ein Bündel von kapazitätsglättenden Maßnahmen vor. Sie bestehen aus einer Glättung der Kapazitätsnachfrage und des Kapazitätsangebots (siehe SCHNEEWEISS 1989). Die Kapazitätsnachfrage ergibt sich aus dem Arbeitsinhalt der Aufträge (Varianten) an jeder Fertigungsstation, so daß eine Glättung in einer geschickten Wahl der **Auftragsreihenfolge** erreicht werden kann. Das Kapazitätsangebot andererseits besteht in der **personellen Besetzung der Arbeitsstationen** eines Bandes. Seine Glättung geschieht durch die Anpassung dieser Besetzung an den jeweiligen Arbeitsinhalt der Aufträge.

Zur Glättung des Kapazitätsangebotes stehen häufig unterschiedliche Arten von Springern zur Verfügung:

– Floater und

– bandexterne Springer.

Als **Floater** seien diejenigen bandinternen Springer bezeichnet, die zum Zwecke des Kapazitätsabgleichs von einer Station abgezogen werden, um sie einer anderen zuzuweisen. Sie sollten nicht mit den Mitarbeitern verwechselt werden, die die Praxis i.a. als Springer bezeichnet. Springer dieser Art decken die sog. persönliche Verteilzeit, d.h. kurze Erholungspausen der Bandarbeiter ab. Sie müssen stets zur Verfügung stehen und dienen nicht dem Kapazitätsabgleich.

Bandexterne Springer werden von außen an das Band geholt. Sie verstärken — im Gegensatz zu den Floatern — insgesamt die Kapazität des Bandes, wobei man natürlich den Stationen einen externen Springer bevorzugt zuordnen wird, die für die vorgegebene Auftragsfolge besonders schwach ausgelegt sind.

Bei der Planung der **Auftragsreihenfolge** geht die Praxis vielfach folgendermaßen vor: Unter Beachtung des Auslieferungstermins teilt man die Aufträge in "Pakete" ein, die z.B. wöchentlich gefertigt werden können. Dabei versucht man (unter Beachtung der Marktgegebenheiten) solche Aufträge zusammenzupacken, die insgesamt sämtliche Stationen gleichmäßig auslasten; d.h. man wird bspw. vermeiden, daß in einer Woche nur Aggregate produziert werden, die das Ende des Bandes belasten und in der nächsten Woche solche, die die Stationen des Bandanfangs besonders stark belegen. Hierbei kann durchaus der Fall eintreten, daß bei längeren Durchlaufzeiten — etwa vier Wochen — nicht alle Aufträge auch Kundenaufträge sind. Man fertigt daher "Dummies", die so spezifiziert sind, daß ihre Chance, "von der Stange" verkauft zu werden, besonders hoch ist (GÜNTHER/SCHNEEWEISS/WEBERSINN).

Mit dem Nahen des Freigabetermins werden die Pakete zu "Päckchen" heruntergebrochen, deren Arbeitsinhalt häufig geringer als eine Schicht ist. Diese Päckchen sind untereinander ähnlich, jedoch im Innern sehr heterogen, da auch kurzfristig über alle Stationen eine gleichmäßige Auslastung zu erreichen ist. Die Bildung dieser Päckchen einschließlich der Auftragsreihenfolge geschieht oft unter Verwendung von Auslastungsregeln. So besteht z.B. bei der simultanen Montage von 4– und 6–Zylinder–Motoren das Verbot, drei 6–Zylinder–Motoren hintereinander zu fertigen.

Nach Schilderung der beiden Hauptmaßnahmen zum Kapazitätsabgleich seien nun noch einmal die wichtigsten Tätigkeiten in ihrem zeitlichen Ablauf dargestellt. Bereits bei der Einrichtung eines Bandes oder bei größeren Umstellungen sind Taktzeit und Stationenzahl geeignet zu wählen. Hierbei ist der mutmaßliche langfristige Variantenmix zu beachten (siehe BESTWICK/LOCKYER, Seite 224 – 239), und es ist auf die räumlichen Gegegenheiten Rücksicht zu nehmen. Insbesondere ist sicherzustellen, daß die benötigten Teile griffbereit am Band bereitgestellt werden können.

In der nun folgenden Auflistung der wichtigsten **Abgleichsmaßnahmen** lassen wir uns von deren Fristigkeit leiten. Mittelfristige Maßnahmen legen dabei i.a. das Potential fest, auf das kurzfristig zurückgegriffen werden kann.

Mittelfristige Maßnahmen:

1. Nach der langfristig vorgenommenen generellen Ausstattung eines Bandes sind mittelfristig immer wieder den Takt anpassende Maßnahmen zu ergreigen. Solche Anpassungen können nachfrageseitig von einer quantitativen Veränderung des Auftragsbestandes und/oder seiner Zusammensetzung herrühren oder, was häufiger der Fall sein dürfte, sich aufgrund von Veränderungen im Personalbestand (Urlaubszeit, hoher Krankenstand) ergeben.

2. Mittelfristig ist auch der Floateranteil zu bestimmen, und es ist insbesondere der Anteil externer Springer festzulegen, auf den kurzfristig zurückgegriffen werden kann. Solche Springer kommen häufig aus der Vorfertigung oder anderen produktionsnahen Abteilungen.

3. Ferner ist sicherzustellen, daß das zur Fertigung benötigte Material rechtzeitig bereitsteht. Dies bedeutet insbesondere, wenn man Fremdlieferungen nach dem JIT–Prinzip gestaltet, daß man Sicherheitsbestände vorsehen muß. Sie sollten so dimensioniert sein, daß die Kostenkonsequenzen eines Fehlteiles zusammen mit den Kosten der Sicherheitsbestandshaltung minimal werden.

4. Schließlich sind mittelfristig bereits "Pakete zu schnüren", damit kurzfristig ohne allzu große Schwierigkeiten Päckchen gebildet werden können.

Kurzfristige Maßnahmen:

1. Zu den kurzfristigen Steuerungsmaßnahmen gehört bedarfsseitig die zuvor beschriebene Bildung von Päckchen bzw. ganz allgemein eine Planung der Reihenfolge für sämtliche Aufträge einer Schicht.

2. Angebotsseitig ist der externe Springer- und (ganz kurzfristig) der Floatereinsatz festzulegen.

3. Ferner sind Maßnahmen zu ergreifen, die bei Auftreten eines Fehlteiles notwendig werden. Eine solche Situation tritt bei unzureichenden Sicherheitsbeständen vergleichsweise häufig auf. Sie führt dazu, daß Aufträge zurückgestellt werden müssen, was bei nur kurzer Fehlzeit zumindest zur Folge hat, daß die Kapazitätsnutzung nicht mehr optimal erfolgen kann: Ein erhöhter Floater- bzw. externer Springereinsatz ist die Folge. Mittelfristig sind daher Sicherheitsbestände und Floateranteil über die Reihenfolgeplanung verknüpft so zu dimensionieren, daß sie insgesamt den Interessen der Unternehmung genügen.

Die nachfolgenden beiden Untersuchungen betonen die wichtigsten der soeben angesprochenen kurzfristigen Steuerungsmaßnahmen: die Reihenfolgeplanung und den Floatereinsatz. Hierbei wird die oben angedeutete in der Praxis häufig anzutreffende Vorgehensweise der Reihenfolgeplanung durch Päckchenbildung in dem Beitrag von Söhner nicht weiter verfolgt. Stattdessen wird das zentrale Problem der Auftragsreihenfolge grundsätzlich in Angriff genommen. Dies geschieht dadurch, daß zunächst kapazitätsglättende Zielkriterien aufgestellt, kritisch diskutiert und schließlich unter Einsatz moderner Planungstechniken optimiert werden. Letztlich geht es also darum, eine Auftragsfolge zu bestimmen, die einen möglichst geringen Springereinsatz erfordert.

Mein eigener Beitrag stellt die hier angedeuteten Zusammenhänge zwischen Reihenfolgeplanung, Springerpotential und Sicherheitsbestandsbestimmung in den weiteren Zusammenhang von Kapazitätsabgleichsmaßnahmen bei kurzfristigen Störungen. Hierbei geht es nicht nur darum, den durch unvorhergesehene Auftragsvarianten bedingten "Störungen" zu begegnen, sondern simultan sämtliche im Produktionsablauf möglicherweise auftretenden Unstimmigkeiten zu betrachten.

Literaturverzeichnis

Bestwick, P. F., Lockyer, K.
  Quantitative Production Management,
  London 1982, Seite 224 – 239.

Günter, H.–O., Schneeweiß, Ch., Webersinn, B.
  Abstimmung von Vertriebs- und Produktionsprogramm
  in einem Unternehmen der Fahrzeugindustrie (Fallstudie),
  in Marketing, ZFP, Heft 1, 1989, Seite 51 – 58.

Schneeweiß, Ch.
  Einführung in die Produktionswirtschaft, 3. Auflage,
  Berlin, Heidelberg, New York, 1989.

V. Söhner

Reihenfolgeplanung bei Fließbandfertigung

Inhaltsverzeichnis

Kapitel 1
Einleitung

1.1   Einführung in die Reihenfolgeplanung

In vielen Bereichen der Wirtschaft, Wissenschaft und Technik treten Situationen
auf, in denen mehrere einander ähnliche Produkte, Arbeitsgänge, Tätigkeiten oder
wie auch immer geartete Aufträge, unmittelbar nacheinander zu bearbeiten bzw.
auszuführen sind. Wenn hierbei nicht irgendwelche Restriktionen eine ganz bestimmte Reihenfolge erzwingen, existieren verschiedene, alternative Anordnungen,
nach denen die Aufträge der Reihe nach bearbeitet werden können. In solchen
Fällen versucht man mit Hilfe der Reihenfolgeplanung "gute" Reihenfolgen zu ermitteln, d.h. Reihenfolgen, die bezüglich eines oder mehrerer Kriterien vorteilhafter
sind als zufällige, nicht optimierte Auftragsfolgen. Die Aufgabe der Reihenfolgeplanung besteht also darin, eine gegebene Anzahl von Aufträgen oder Vorgängen im
Hinblick auf eine bestimmte Anwendung optimal anzuordnen.

Da sich die einzelnen Reihenfolgen nur durch die konkrete Anordnung der Aufträge
unterscheiden, mag es durchaus verwundern, wie einige Reihenfolgen vorteilhafter
als andere sein können. Das folgende Beispiel demonstriert an einem sehr einfachen
Sachverhalt, daß allein durch die Veränderung der Auftragsfolge bemerkenswerte
Vorteile zu erzielen sind. Hierzu werden die beiden Aufträge A_1 und A_2 betrachtet,
die jeweils zuerst auf Maschine M_1 und anschließend auf Maschine M_2 bearbeitet
werden müssen. Die Bearbeitungszeit von Auftrag A_1 an Maschine M_1 beträgt 10
und an Maschine M_2 5 Minuten, während für Auftrag A_2 an Maschine M_1 nur 5,
dafür an Maschine M_2 10 Minuten erforderlich sind.

Abbildung 1.1a veranschaulicht den zeitlichen Verlauf der Bearbeitung der Aufträge
an den beiden Maschinen, wodurch genau erkennbar ist, in welchem Zeitraum

welcher Auftrag an welcher Maschine bearbeitet wird. Die Darstellung bezieht sich
auf die Permutation (A_1, A_2), d.h. die Bearbeitung von Auftrag A_1 erfolgt an beiden
Maschinen zeitlich vor Auftrag A_2. Der letzte Auftrag der Reihenfolge verläßt nach
25 Minuten die letzte Maschine. Die (Gesamt-) Durchlaufzeit beträgt somit 25
Minuten. Wenn man jedoch die beiden Aufträge, wie in Abbildung 1.1b dargestellt,
in der Reihenfolge (A_2, A_1) bearbeitet, beträgt die Gesamtdurchlaufzeit nur noch
20 Minuten; die Gesamtdurchlaufzeit verringert sich also durch eine Veränderung
der Auftragsfolge um 20 %. Da in der Regel kurze Durchlaufzeiten vorteilhaft sind,
fertigt man Auftrag A_2 vor Auftrag A_1, falls nicht aus irgendwelchen Gründen nur
die andere Permutation zulässig ist.

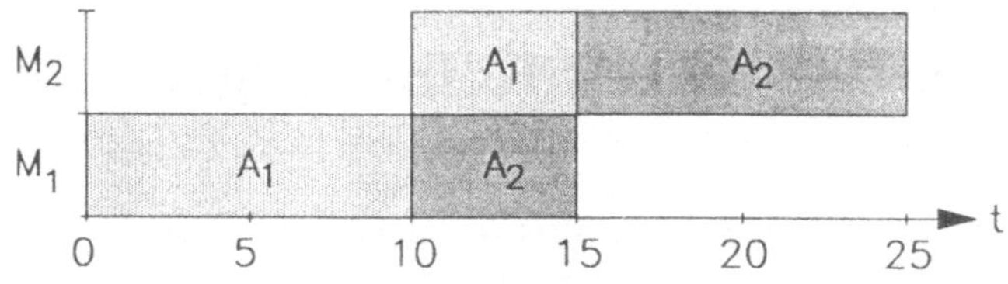

Abbildung 1.1a: Zeitplan für die Auftragsfolge (A_1, A_2)

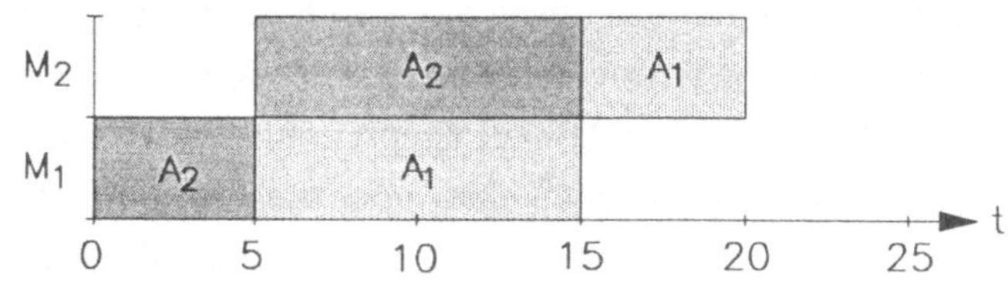

Abbildung 1.1b: Zeitplan für die Auftragsfolge (A_2, A_1)

Das vorangehende Beispiel läßt bereits auf zahlreiche Einsatzmöglichkeiten der Reihenfolgeplanung bei der industriellen Produktion schließen. Andere Anwendungs-
gebiete findet man z.B. bei der Steuerung eines Hochregallagers, da hier durch
optimierte Reihenfolgen die Anzahl der Lagerzugriffe und somit der Durchsatz maximiert werden kann. Das gleiche trifft für die Steuerung von Festplattenspeichern
bei Computern zu. Durch eine Minimierung der vom Schreib-/Lesekopf zurück-
zulegenden Wegstrecke maximiert man gleichzeitig die Anzahl der Sekundärspei-
cherzugriffe, also ebenfalls den Durchsatz pro Zeiteinheit. Auch die Planung von
sogenannten Rundreisen und Touren läßt sich als Reihenfolgeproblem interpretieren, da hierbei die Reihenfolge zu ermitteln ist, in der man eine Anzahl von Orten
besucht, um insgesamt eine minimale Wegstrecke zurücklegen zu müssen.

Neben der interessanten Struktur und Problematik der Reihenfolgeplanung an sich, motivierte wohl auch die Vielfältigkeit der Einsatzmöglichkeiten schon seit einigen Jahrzehnten Wissenschaftler, sich mit dieser Thematik auseinanderzusetzen; daß dennoch viele Probleme ungelöst sind, liegt in der Komplexität der Materie begründet.

1.2 Problemstellung

Die vorliegende Arbeit behandelt die Reihenfolgeplanung im Rahmen der industriellen Produktion. Als Organisationstyp des zugrundeliegenden Produktionsprozesses wird die **Fließbandfertigung** betrachtet (vgl. WÖHE 1978, Seite 300). Im Gegensatz zur Fließfertigung, dem übergeordneten Organisationstyp, werden die Aufträge bei Fließbandfertigung ausschließlich mechanisch von Station zu Station transportiert. Die folgenden fünf Kapitel beschreiben die Modellierung, Entwicklung, Implementierung und die Analyse eines Optimierungsverfahrens für die Reihenfolgeplanung bei Fließbandfertigung.

Kapitel 2 beschreibt zunächst die Stellung der Reihenfolgeplanung innerhalb der gesamten Produktionsplanung. Darüber hinaus erfolgt eine Systematisierung der grundlegenden industriellen Reihenfolgeprobleme und eine Beschreibung der Besonderheiten der Fließbandfertigung. Ferner werden einige, in der Literatur häufig vorgeschlagene Bewertungskriterien erläutert und hinsichtlich ihrer Verwendungsmöglichkeit für die Bewertung von Reihenfolgen speziell bei Fließbandfertigung diskutiert. Es zeigt sich, daß hauptsächlich die gleichmäßige Auslastung der Bearbeitungsstationen als Zielsetzung der Optimierung in Frage kommt.

Kapitel 3 stellt ein heuristisches Verfahren zur Ermittlung optimierter Reihenfolgen bei einzelnen, unabhängigen Fließbändern vor. Das zugrundeliegende Optimierungsproblem wird zunächst mit entsprechenden Modellannahmen genau definiert. Im vierten Kapitel erfolgt dann eine Analyse der Qualität und des Wirkungsgrades dieses Verfahrens. Hierzu werden die im zweiten Kapitel erläuterten Bewertungskriterien formalisiert.

Im fünften Kapitel werden abhängige Fließbänder betrachtet, wobei die in Abbildung 1.2 gezeigte Konstellation zugrunde liegt.

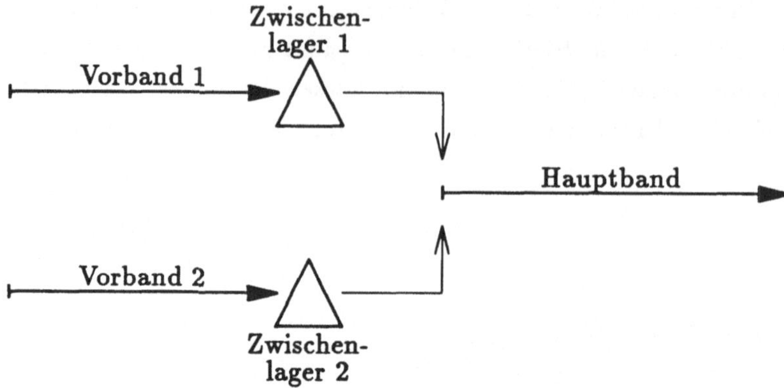

Abbildung 1.2:   Abhängige Fließbänder

Auf den beiden Vorbändern sind Halbfertigfabrikate zu produzieren, von denen jeweils zwei zusammengehörende auf dem Haupt- oder Endmontageband zu einem
Auftrag zusammengefaßt werden. Zwischen Vor- und Endmontage stehen evtl.
zwei Zwischenläger zur Verfügung. Die Zwischenläger ermöglichen Überholungsvorgänge, so daß die Halbfertigfabrikate bzw. Aufträge auf allen drei Fließbändern
in unterschiedlichen Reihenfolgen bearbeitet werden können. Für diese spezielle
Fließbandtopographie sind zunächst die Modellannahmen und Bewertungskriterien unabhängiger Fließbänder zu modifizieren. Abschließend werden verschiedene Vorgehensweisen zur Optimierung der Reihenfolgen auf den drei betrachteten Fließbändern erläutert und unter Verwendung der Simulation hinsichtlich ihrer
Wirkungsgrade verglichen.

Das sechste Kapitel schließlich betrachtet das im dritten Kapitel beschriebene heuristische Optimierungsverfahren aus der Sicht der Modellbildungstheorie. Hierbei
wird die Vorgehensweise bei der Modellierung, die in dem Verfahren zur Optimierung der Auftragsfolgen bei Fließbandfertigung mündete, mit den einzelnen Phasen
und Elementen der allgemeinen Struktur eines Modellbildungsprozesses identifiziert. Diese modelltheoretische Betrachtung systematisiert die im dritten Kapitel
verwendete Modellierungstechnik derart, daß eine Übertragung der Vorgehensweise
auf andere, nicht unbedingt ähnliche Aufgabenstellungen problemlos vollzogen werden kann.

Kapitel 2

Grundlagen der industriellen Reihenfolgeplanung

Da die folgenden Kapitel die Reihenfolgeplanung nur noch im Rahmen der industriellen Produktion behandeln, wird zum Verständnis der übergreifenden Zusammenhänge zunächst die Stellung der Reihenfolgeplanung innerhalb der Gesamtplanung industrieller Produktionsabläufe erläutert. Abschnitt 2.2 beschreibt verschiedene Klassen von Reihenfolgeproblemen, um die Reihenfolgeplanung bei Fließbandfertigung, die Gegenstand der nächsten Kapitel sein wird, detailliert abgrenzen zu können. Außerdem werden die Begriffe und Merkmale der Fließbandfertigung erläutert, die für die Diskussion der Bewertungskriterien im dritten Teil dieses Kapitels von grundlegender Bedeutung sind.

2.1 Einordnung der Reihenfolgeplanung in die Produktionsplanung

Die Produktionsplanung wird nach Fristigkeit und Aggregationsgrad in strategische, mittelfristige und kurzfristige operative Planung unterteilt (siehe SCHNEE-WEISS 1989, Seite 21 ff). Die **strategische** oder auch **langfristige Planung** trifft Entscheidungen, die für das gesamte Unternehmen über mehrere Jahre hinweg von Bedeutung sind. Hierunter fällt u.a. die Festlegung der zu produzierenden Produktarten, also der Produktpalette, sowie der zur Produktion erforderlichen Betriebsmittel. Die **mittelfristige operative Planung** bestimmt das Produktionsprogramm, indem sie für einen Zeitraum bis zu zwei Jahren für alle Produktarten die zu produzierenden Mengen quartals- oder monatsgenau festlegt. Die **kurzfristige operative Planung** ermittelt in einer zunehmend detaillierteren Terminplanung die konkret zu produzierenden Produkte, bezogen auf einzelne Wochen, Tage oder sogar Stunden.

Diese drei Planungsebenen sind hinsichtlich der Gesamtplanung hierarchisch miteinander verbunden, wobei die strategische Planung die oberste, die mittelfristige operative die mittlere und die kurzfristige operative Planung die unterste Hierarchieebene bildet. Die Gesamtplanung wird in Anlehnung an dieses Modell in der Art vollzogen, daß die übergeordneten Ebenen Rahmenbedingungen vorgeben, innerhalb derer die Planung auf den untergeordneten Ebenen zu erfolgen hat. Die mittelfristige operative Planung ist somit bei der Festlegung des Produkionsprogramms an die von der strategischen Ebene vorgegebene Ausstattung an Betriebsmitteln gebunden, während die kurzfristige operative Planung die Vorgaben des Produktionsprogramms einzuhalten hat. Diese Vorgehensweise bezeichnet man als **hierarchische Planung** (siehe hierzu auch SCHNEEWEISS 1989, Seite 93 ff).

Die Aufgabe der Reihenfolgeplanung besteht darin, konkrete Bearbeitungsfolgen zu ermitteln. Die zur Verfügung stehenden Arbeitskräfte und Betriebsmittel sowie die einzuplanenden Aufträge wurden hierbei von anderen Planungsinstrumenten bereits festgelegt. Die Auftragsmenge entspricht etwa einer Tagesproduktion, so daß der Planungshorizont der Reihenfolgeplanung einen Tag nicht überschreitet. Folglich ist die Reihenfolgeplanung innerhalb der kurzfristigen operativen Planung in der zuvor erwähnten Hierarchie ganz unten einzuordnen; sie ist Bestandteil der Feinterminplanung.

2.2 Systematisierung industrieller Reihenfolgeprobleme

2.2.1 Grundlegende Problemklassen

Die bei der industriellen Produktion auftretenden Reihenfolgeprobleme lassen sich anhand der Organisationsstruktur des zugrundeliegenden Produktionssystems systematisieren. Gemäß dieser Vorgehensweise unterscheidet man Job–Shop–, Flow–Shop– und Permutation–Flow–Shop–Probleme.

Bei **Job–Shop–Problemen** sind n Aufträge auf m Maschinen zu fertigen, wobei für jeden Auftrag eine spezifische Maschinenfolge vorgegeben ist und nicht alle Aufträge auf allen Maschinen bearbeitet werden müssen. Vor den Maschinen existieren Zwischenläger, in denen die Aufträge gegebenenfalls auf ihre Bearbeitung warten. Man spricht in diesem Zusammenhang von **Intermediate–Storage–Systemen**. Die Zwischenläger ermöglichen zudem Überholungsvorgänge. Somit kann sich die Reihenfolge, in der die Aufträge auf einer Maschine bearbeitet werden, von der unterscheiden, in der die Aufträge das vorangehende Zwischenlager erreichen. Diese Problemstellung wird in der Literatur als **General Job–Shop Scheduling Problem** bezeichnet (vgl. z.B. FRENCH 1982, Seite 5). Die anderen Problemklassen entstehen hieraus durch restriktivere Modellannahmen. An Stelle von Maschinen können auch Maschinen-, Arbeitsplatzgruppen oder allgemein Bearbeitungssstationen betrachtet werden.

Die **Flow–Shop–Probleme** (siehe auch hierzu FRENCH 1982, Seite 5) unterscheiden sich von den Job–Shop–Problemen dadurch, daß alle Aufträge an allen Stationen und in der gleichen Stationsfolge zu bearbeiten sind. Nach wie vor kann sich jedoch aufgrund der Zwischenläger die Reihenfolge der Aufträge von Station zu Station ändern.

Bei den **Permutation–Flow–Shop–Problemen** (vgl. beispielsweise FRIEZE / YADEGAR 1989) wird gegenüber den Flow–Shop–Problemen weiter einschränkend verlangt, daß die Auftragsfolge an allen Bearbeitungsstationen unverändert bleibt. Überholungsvorgänge werden also nicht zugelassen, obwohl dies bedingt durch die Zwischenläger vor den Stationen möglich wäre. Die Bearbeitungsfolge aller n Aufträge an allen m Stationen ist dadurch mit nur einer einzigen Permutation der natürlichen Zahlen $1, \ldots, n$ gegeben. Bei Job–Shop– und Flow–Shop–Problemen ist hierzu pro Bearbeitungsstation eine Permutation erforderlich.

Auch bei **Fließbandfertigung** ist sowohl für alle Aufträge die Stationsfolge, als auch für alle Stationen die Auftragsfolge identisch. Im Unterschied zum Permutation–Flow–Shop gehört die Fließbandfertigung zur Klasse der No–Intermediate–Storage–Systeme. Das Fließband bewegt die Aufträge mit einer konstanten Geschwindigkeit an den unmittelbar aufeinanderfolgenden Stationen vorbei; vor den Stationen gibt es keine Zwischenläger. Deshalb können die Aufträge nicht, wie beim allgemeinen Permutation–Flow–Shop, vor den Stationen gegebenenfalls auf ihren Bearbeitungsbeginn warten. Hinsichtlich der Reihenfolgeplanung stellt die Fließbandfertigung einen Spezialfall der Permutation–Flow–Shop–Systeme dar.

Bisher wurde angenommen, daß das betrachtete Produktionssystem aus mindestens zwei aufeinanderfolgenden Bearbeitungsstationen besteht. Aus den vorstehenden Definitionen und Überlegungen geht hervor, daß eine entsprechende Klassifizierung der Reihenfolgeprobleme bei nur einer Bearbeitungsstation nicht möglich ist. Deshalb werden Reihenfolgeprobleme mit nur einer Bearbeitungsstation in eine separate Klasse eingeordnet, die man in Analogie zu den obigen Begriffen als **One–Shop–Probleme** bezeichnen könnte. Die anglo–amerikanische Literatur spricht gewöhnlich von **Single–Machine Scheduling Problems** (siehe z.B. GASCON / LEACHMAN 1989).

Die Struktur der Bearbeitungszeiten und der Freigabezeitpunkte der Aufträge sind weitere Merkmale, nach denen man Reihenfolgeprobleme charakterisieren kann.

Die **Bearbeitungszeiten (processing times)** der Aufträge können an einzelnen oder sogar an allen Stationen identisch sein. In den meisten Fällen sind verschiedene Bearbeitungszeiten vorgegeben. Neben deterministischen sind stochastische Bearbeitungszeiten denkbar, die insbesondere durch unterschiedliche Arbeitsleistung der Fließbandarbeiter oder durch Maschinenausfälle oder ähnliche Störungen verursacht werden. (Siehe hierzu den nachfolgenden Aufsatz von Schneeweiß).

Gewöhnlich werden auf den betrachteten Bearbeitungsstationen bestimmte Vorprodukte zu Endprodukten weiterverarbeitet. Vorprodukte können dabei irgendwelche Rohteile, unfertige oder halbfertige Erzeugnisse sein. Die Bearbeitung eines Auftrags kann deshalb erst beginnen, wenn das entsprechende Vorprodukt von den vorgelagerten Produktionsstufen oder von einem anderen Unternehmen geliefert wurde und an der ersten Station zur Bearbeitung bereitsteht. Der Zeitpunkt, ab dem das erforderliche Vorprodukt an der ersten Bearbeitungsstation verfügbar ist, definiert den **Freigabezeitpunkt (release date)** eines Auftrags.

Man unterscheidet Reihenfolgeprobleme, bei denen alle Aufträge identische Freigabezeitpunkte besitzen, von solchen, bei denen die Freigabezeitpunkte unterschiedlich sind. Identische Freigabezeitpunkte liegen dann vor, wenn zwischen der vorgelagerten Produktionsstufe und den betrachteten Stationen ein Lager existiert, das die Vorprodukte aller Aufträge zwischenlagern kann, oder wenn ein anderes Unternehmen die Vorprodukte, wie bei Just–in–Time–Produktion, zu beliebigen Zeitpunkten liefert.

2.2.2   Charakterisierung der Fließbandfertigung

Da die folgenden Kapitel ausschließlich Reihenfolgeplanung bei Fließbandfertigung behandeln, werden nun weitere Merkmale und Besonderheiten sowie grundlegende Begriffe der Fließbandfertigung erläutert und systematisiert.

Es wird angenommen, daß die Bearbeitungsstationen eines Fließbandes räumlich unmittelbar aufeinanderfolgen, und daß das Fließband die Aufträge mit einer konstanten Geschwindigkeit an den Stationen entlang transportiert. Die **Takt-** oder auch **Zykluszeit** bezeichnet die Zeitspanne, die das Fließband benötigt, um einen Auftrag vom Anfang bis zum Ende einer Station zu transportieren. Hierbei wird davon ausgegangen, daß alle Stationen die gleiche räumliche Ausdehnung besitzen.

Fließbänder kann man dahingehend unterscheiden, ob die Arbeitsgänge an den jeweiligen Stationen immer innerhalb der Taktzeit zu beenden sind, oder ob sie auch im Anfangsbereich der Folgestation zu Ende geführt werden dürfen. Der zweite Fall wird dann relevant, wenn die Bearbeitungszeit eines Auftrags an einer Station die Taktzeit übersteigt. In solchen Fällen muß in die Folgestation "hineingearbeitet" werden, d.h. die Fließbandarbeiter lassen sich zusammen mit dem Auftrag vom Fließband in die Folgestation transportieren. Nach Beendigung der Arbeitsgänge laufen sie gegen das Fließband, um den nachfolgenden Auftrag wieder innerhalb ihrer Station zu bearbeiten. Man kann sich durchaus Situationen vorstellen, in denen die verspäteten Arbeitsgänge erst in der übernächsten oder in einer noch entfernteren Station abgeschlossen werden.

Die Zeitspanne, um die sich der Bearbeitungsendzeitpunkt eines Auftrags gegenüber dem Zeitpunkt verspätet, an dem der Auftrag das entsprechende Stationsende erreicht, wird in Anlehnung an DECKER 1989, Seite 12 als (positiver) **Überhang** bezeichnet.

Fließbänder sind nun dahingehend zu differenzieren, ob und in welcher Höhe Überhänge an einzelnen Stationen zugelassen werden. Es ist also der **maximale Überhang** für jede Station zumindest der Größenordnung nach festzulegen. Realistisch dürften maximale Überhänge zwischen 0 und 50 % der Taktzeit sein. Da die Taktzeit als bekannt und konstant vorausgesetzt wurde, ist der durch einen Prozentsatz der Taktzeit festgelegte maximale Überhang auch in seiner räumlichen Ausdehnung determiniert. 100 % der Taktzeit entsprechen der Länge einer Station. An Stationen, bei denen zur Ausführung der Arbeitsgänge fest installierte Maschinen verwendet werden, sind keine Überhänge erlaubt, da die Maschinen nicht in die jeweilige Folgestation bewegt werden können. Solche Stationen verfügen über einen maximalen Überhang von "0 % der Taktzeit".

Sehr hohe maximale Überhänge sind nicht realistisch. Man betrachte hierzu eine Station s mit einem maximalen Überhang von 200 % der Taktzeit. Wird der maximale Überhang in voller Höhe ausgenutzt, so beendet mindestens ein Bandarbeiter seinen Arbeitsgang erst am Ende der Station $s+2$. Unterstellt man, daß die Aufträge immer im Abstand einer Taktzeit aufeinanderfolgen, so hat inzwischen das Fließband den nachfolgenden Auftrag bereits in die Station $s+1$ transportiert. Die Bandarbeiter der Station s, die den Überhang ausgenutzt haben, beginnen deshalb die Bearbeitung des nächsten Auftrags nicht in der dafür vorgesehenen Station s, sondern erst in der Station $s+1$. Da die Arbeiter der Station $s+1$ ebenfalls mit der Bearbeitung dieses Auftrags beginnen sollen, verspäten sich evtl. die Arbeitsgänge der Station $s+1$ oder wiederum die der Station s. Hinzu kommt, daß die Bandarbeiter bei hohen maximalen Überhängen, sofern diese ausgenutzt werden, längere Wegstrecken zurücklegen müssen, um in ihre Station zurückzukehren. Die Bearbeitung des jeweils folgenden Auftrags verspätet sich dadurch unter Umständen erheblich. Die vorangehenden Ausführungen machen deutlich, daß in der Realität die maximalen Überhänge deutlich unter 100 % der Taktzeit liegen müssen.

Wenn es erlaubt ist, daß Bandarbeiter Arbeitsgänge über das jeweilige Stationsende hinaus verspätet abschließen, so ist es auch denkbar, daß sie in bezug auf den jeweiligen Stationsanfang mit der Bearbeitung eines Auftrags früher beginnen. Es wird also nicht, wie zuvor beschrieben, in der Folgestation "nachgearbeitet", sondern in der vorangehenden Station "vorgearbeitet". Dieser Sachverhalt verhält sich völlig symmetrisch zum obigen, so daß alle Überlegungen analog gelten.

Entsprechend bezeichnet man die Zeitspanne, um die die Bearbeitung eines Auftrags gegenüber dem Zeitpunkt früher beginnt, zu dem der Auftrag am entsprechenden Stationsanfang ankommt, als **negativen Überhang**. Der maximale negative und der maximale positive Überhang einer Station können der Höhe nach verschieden sein.

Damit positive Überhänge nicht beliebig groß werden, ergreifen die Bandarbeiter mehrere Maßnahmen. Zum einen können sie ihre Arbeitsleistung erhöhen, indem sie die Arbeitsgänge beschleunigt verrichten. Zum anderen können evtl. komplette Arbeitsgänge ausgelassen werden, die dann durch **Nacharbeit** nachzuholen sind, wenn der betreffende Auftrag das Fließband verlassen hat. Zusätzlich ist der Einsatz von **Springern (floater)** denkbar. Springer sind Mitarbeiter, die an mehreren oder sogar an allen Stationen zur Überbrückung von Engpässen kurzfristig aushelfen. Falls positive Überhänge mit den zuvor genannten Maßnahmen nicht ausreichend reduziert werden können, muß unter Umständen das Fließband angehalten werden, um verspätete Arbeitsgänge vollenden zu können. Ein **Bandstillstand** ist die letzte und eine sehr kostenintensive Möglichkeit zur Korrektur von positiven Überhängen.

Bei positiven Überhängen ist weiter zu differenzieren, ob Arbeitsgänge, die nicht innerhalb der jeweiligen Station beendet wurden, in der Folgestation parallel zu den dort zu verrichtenden Arbeitsgängen ausgeführt werden können, oder ob mit den Arbeitsgängen der Folgestation erst begonnen werden kann, wenn die verspäteten Arbeitsgänge abgeschlossen sind. Bei negativen Überhängen ergibt sich die analoge Fragestellung. Es sind also **konfliktäre Arbeitsgänge** von solchen zu unterscheiden, die Parallelarbeit an aufeinanderfolgenden Stationen zulassen. Ob Arbeitsgänge konfliktär sind, hängt vom konkreten Einzelfall ab. Zur Veranschaulichung sei die Endmontage von Kraftfahrzeugen auf einem Fließband betrachtet. Die Bandarbeiter können gewöhnlich die Räder erst dann befestigen, wenn die Achsen zuvor montiert wurden. Die beiden Arbeitsgänge sind deshalb konfliktär. Dagegen können Motorhaube und Räder gleichzeitig angebracht werden. Es handelt sich folglich nicht um konfliktäre Arbeitsgänge.

Neben den zuvor erläuterten existieren bei Fließbändern sicherlich noch weitere, von der konkreten Organisation des Arbeitsablaufs abhängige Merkmale und Besonderheiten. So ist z.B. denkbar, daß einzelne Aufträge zwischen zwei Stationen vom Fließband genommen werden können, um ausgelassene Arbeitsgänge nachzuholen oder sonstige Korrekturen vorzunehmen. Derartige Sonderfälle werden jedoch im folgenden nicht weiter betrachtet.

2.3 Bewertungskriterien bei Fließbandfertigung

2.3.1 Monetäre Kriterien

Bereits zu Beginn des ersten Kapitels wurde die grundsätzliche Aufgabe der Reihenfolgeplanung erläutert: Aus der Menge aller zulässigen Reihenfolgen soll eine "vorteilhafte" oder, wenn möglich, eine "optimale" ausgewählt werden. Um beurteilen zu können, welche Reihenfolgen vorteilhaft oder optimal sind, ist zuerst zu klären, was für Kriterien zur Beurteilung der Vorteilhaftigkeit bzw. der Optimalität zugrundegelegt werden sollen. Da die Reihenfolgeplanung nach wie vor in bezug auf die industrielle Produktion betrachtet wird, kommen hierfür nur ökonomisch sinnvolle Kriterien in Frage. Deshalb erscheint ein Kriterium geeignet, das die Vorteilhaftigkeit der einzelnen Reihenfolgen in einer monetären Größe bewertet und zwar entsprechend den höheren oder niedrigeren Kosten oder Erlösen, die aus der jeweiligen Reihenfolge resultieren. Meistens lassen sich jedoch einzelne

Reihenfolgen überhaupt nicht oder nur äußerst ungenau durch monetäre Größen bewerten, zumal dies für die Reihenfolgeplanung *vor* der Bearbeitung der Aufträge notwendig ist. Die in der Praxis verwendeten Kostenrechnungssysteme wären hierbei in jeder Hinsicht überfordert. Man betrachte nochmals das einführende Beispiel aus Abschnitt 1.1, bei dem zwei Aufträge auf zwei Maschinen bearbeitet werden. Um die beiden Reihenfolgen monetär zu bewerten, sind die von der Auftragsfolge abhängigen Kosten oder Erlöse zu quantifizieren. Man muß sich deshalb überlegen, ob und welche variablen bzw. fixen Einzel- und Gemeinkosten und welche Erlöse von der jeweiligen Permutation abhängen. Fixkosten können aufgrund der Fixkostendegression relevant sein. Die beiden Reihenfolgen des Beispiels unterscheiden sich hinsichtlich der Gesamtdurchlaufzeit. Unterstellt man, daß nicht nur das Auftragspaar A_1 und A_2 zu produzieren ist, sondern möglichst viele solcher Paare, und daß die Bearbeitung eines Auftragspaares erst dann beginnen kann, wenn beide vorangehenden Aufträge an beiden Maschinen fertiggestellt wurden, so werden bis zur Anschaffung neuer Maschinen wesentlich mehr Produkte gefertigt, wenn man die Auftragsfolge mit der kürzeren Durchlaufzeit wählt. Die Anschaffungskosten der beiden Maschinen verteilen sich deshalb bei dieser Auftragsfolge auf wesentlich mehr Kostenträger, als bei der Auftragsfolge mit der längeren Durchlaufzeit. Der Fixkostenanteil pro Auftragspaar ist folglich geringer. Da man die Lebensdauer der beiden Maschinen im voraus nicht kennt, können die Fixkosten auch nicht exakt auf die Kostenträger verteilt werden. Die monetäre Bewertung der beiden Reihenfolgen ist demzufolge nur approximativ möglich. Falls variable Einzel- oder Gemeinkosten oder Erlöse von der Auftragsfolge abhängen, können auch sie in der Bewertung meist nur ungenau berücksichtigt werden.

Ein weiterer Nachteil monetärer Kriterien besteht darin, daß sie von der konkreten Anwendung abhängen und deshalb für die allgemeine Betrachtung nicht geeignet sind. In dem Beispiel aus Abschnitt 1.1 war die Gesamtdurchlaufzeit der einen Auftragsfolge 5 Minuten kürzer als die der anderen. Wie soll man diesen Unterschied durch Kosten oder Erlöse allgemein bewerten? Um welchen Betrag die Erlöse bei der einen Reihenfolge gegenüber der anderen höher ausfallen, ist insbesondere vom Verkaufspreis der Endprodukte abhängig. Auch das in der Produktion gebundene Kapital und die damit korrespondierenden Kosten hängen von der jeweiligen Situation ab und können deshalb nicht als Bewertungskriterium für den allgemeinen Fall verwendet werden.

Aus den vorangehenden Ausführungen geht hervor, daß monetäre Kriterien nicht operabel sind. Man muß deshalb zur Bewertung der Reihenfolgen andere Kriterien verwenden, von denen man annehmen kann, daß sie mit den von der Reihenfolge abhängigen Kosten oder Erlösen korrelieren. Im folgenden werden einige in der Literatur oft diskutierte Kriterien vorgestellt und auf ihre Brauchbarkeit hinsichtlich der Bewertung von Reihenfolgen bei Fließbandfertigung analysiert.

2.3.2 Durchlaufzeitorientierte Kriterien

Die (Gesamt–) Durchlaufzeit (**total production time** oder auch **make–span**) ist das in der Literatur am häufigsten betrachtete Kriterium. Die Gesamtdurchlaufzeit ist durch die Zeit definiert, die benötigt wird, um alle Aufträge in der jeweiligen Reihenfolge an allen Bearbeitungsstationen zu bearbeiten. Es handelt sich also um die Zeitspanne, die zwischen dem Bearbeitungsbeginn des ersten Auftrags an der ersten Station und dem Bearbeitungsende des letzten Auftrags an der letzten Station liegt.

Bereits das einführende Beispiel der Einleitung suggerierte, daß kurze Durchlaufzeiten i.a. einen positiven Einfluß auf Kosten und Erlöse haben. Dies läßt sich mit zahlreichen Argumenten begründen. Kürzere Durchlaufzeiten reduzieren das in der Produktion gebundene Kapital. Ferner erhöhen kürzere Durchlaufzeiten die Produktionskapazität. Wie bereits zuvor erläutert, wirkt sich dies positiv auf die Fixkostendegression aus. Weiterhin verringern kurze Durchlaufzeiten die Gefahr, daß vereinbarte Liefertermine nicht eingehalten werden können. Anstatt die Argumente zu vervollständigen, die für die Durchlaufzeit als Bewertungskriterium sprechen, muß zunächst geklärt werden, ob die Durchlaufzeit auch bei Fließbandfertigung als Bewertungskriterium geeignet ist.

Bei Fließbandfertigung ist die Gesamtdurchlaufzeit durch die Zeitspanne definiert, die zwischen dem Zeitpunkt liegt, an dem der erste Auftrag auf das Band genommen wird und dem, an dem der letzte Auftrag das Fließband wieder verläßt. Da alle Aufträge mit einer konstanten Geschwindigkeit an den aufeinanderfolgenden Stationen entlang bewegt werden, erreicht jeder Auftrag nach genau der gleichen Zeit das Ende des Fließbandes. Alle Aufträge besitzen somit unabhängig von der Reihenfolge, in der die Aufträge auf das Band genommen werden, exakt die gleiche Durchlaufzeit. Geht man davon aus, daß die Aufträge immer in gleichen zeitlichen Abständen in Höhe einer Taktzeit aufeinanderfolgen, ist auch die Gesamtdurchlaufzeit aller Aufträge für alle Auftragsfolgen gleich. Nur die Taktzeit und die Anzahl der Aufträge und der Stationen determinieren die Gesamtdurchlaufzeit.

Wenn die Aufträge nicht in gleichen zeitlichen Abständen in Höhe einer Taktzeit auf das Band genommen werden müssen, kann die Bearbeitung eines Auftrags an der ersten Station unmittelbar nach dem Bearbeitungsende des vorangehenden Auftrags beginnen. In diesem Fall differieren die Durchlaufzeiten der einzelnen Reihenfolgen geringfügig. Das folgende Beispiel verdeutlicht diese Aussage. Betrachtet werden hierbei die Aufträge A_1 und A_2 mit einer Bearbeitungszeit von 4 bzw. 5 Minuten an der ersten Station. Die Taktzeit sei 5 Minuten. Insgesamt sind 10 Stationen zu durchlaufen. Folglich beträgt die Durchlaufzeit jedes Auftrags 50 Minuten. Wenn Auftrag A_1 zuerst auf das Band genommen wird, erreicht Auftrag A_2 nach 54 Minuten das Bandende, da die Aufträge unmittelbar nacheinander auf das Band gelegt werden. Der zweite Auftrag muß also nicht die nächste volle Taktzeit bis zu seinem Bearbeitungsbeginn warten, wie dies der Fall wäre, wenn die Aufträge immer im Abstand einer Taktzeit auf das Band zu legen sind. Bearbeitet man dagegen zuerst Auftrag A_2, erreicht der zweite Auftrag, also A_1, das Bandende erst nach 55 Minuten. Die Durchlaufzeiten sind offensichtlich nicht mehr bei allen Reihenfolgen identisch. Bei der Permutation (A_1, A_2) wartet der letzte Auftrag 4, bei der anderen Permutation 5 Minuten vor der ersten Station auf den Beginn seiner Bearbeitung. Entsprechend unterscheiden sich die Gesamtdurchlaufzeiten beider Permutationen um eine Minute. Die verschiedenen Durchlaufzeiten resultieren immer aus den unterschiedlichen Wartezeiten der jeweils letzten Aufträge vor dem Fließband.

In der Realität werden die Bearbeitungszeiten um weniger als eine Taktzeit differieren, da beim Bandabgleich die Arbeitsgänge so auf die Stationen verteilt wurden, daß die Bearbeitungszeiten aller Produkttypen und Varianten an allen Stationen möglichst wenig voneinander abweichen. Wenn man die Aufträge, wie zuvor angenommen, unmittelbar nacheinander auf das Band legt, werden sich deshalb die Durchlaufzeiten der verschiedenen Reihenfolgen nur geringfügig unterscheiden. Diese Unterschiede sind bei einer realen Problemstellung mit beispielsweise 10 Stationen und 50 Aufträgen im Vergleich zur Gesamtdurchlaufzeit prozentual sehr gering und können deshalb aus ökonomischer Sicht vernachlässigt werden. Für alle weiteren Überlegungen wird der Einfachheit wegen angenommen, daß die Aufträge immer im zeitlichen Abstand in Höhe einer Taktzeit auf das Band gelegt werden.

Neben der zuvor dargestellten Besonderheit am Anfang eines Fließbandes ist im Hinblick auf die Durchlaufzeiten am Bandende eine weitere zu klären. Die Bearbeitungsendzeitpunkte der jeweils letzten Aufträge an der letzten Station sind i.a. nicht bei allen Reihenfolgen identisch, da sich die Bearbeitungszeiten der Aufträge unterscheiden können. Für die Durchlaufzeiten sind diese Unterschiede jedoch nicht von Bedeutung. Die Bearbeitung aller Aufträge ist nicht mit dem genauen Bearbeitungsende des letzten Auftrags an der letzten Station beendet, sondern dann, wenn dieser Auftrag aufgrund der konstanten Bandgeschwindigkeit das Bandende erreicht hat und vom Band genommen werden kann. Erst zu diesem Zeitpunkt steht er zur Bearbeitung an nachgelagerten Produktionsstufen oder zum Versand zur Verfügung. Die Gesamtdurchlaufzeit wird deshalb nicht vom exakten Bearbeitungsendzeitpunkt des letzten Auftrags an der letzten Station beeinflußt.

Die vorangehenden Überlegungen machen deutlich, daß bei Fließbandfertigung die Gesamtdurchlaufzeit kein sinnvolles Kriterium zur Bewertung der einzelnen Reihenfolgen darstellt, da bei allen Auftragsfolgen die Gesamtdurchlaufzeit identisch ist.

Außer der Gesamtdurchlaufzeit kann auch die **durchschnittliche Durchlaufzeit** als Bewertungskriterium verwendet werden. Die durchschnittliche Durchlaufzeit ergibt sich, wenn man die Summe der Durchlaufzeiten der einzelnen Aufträge durch die Anzahl der Aufträge dividiert. Bereits bei der Analyse der Gesamtdurchlaufzeit wurde hervorgehoben, daß bei Fließbandfertigung alle Aufträge die gleiche Durchlaufzeit besitzen. Deshalb ist auch die durchschnittliche Durchlaufzeit bei Fließbandfertigung von der Reihenfolge der Aufträge unabhängig und folglich nicht als Bewertungskriterium geeignet.

2.3.3 Verspätungen

Häufig sind die Aufträge bis zu einem bestimmten, bereits bei der Bestellung der Aufträge zugesagten Zeitpunkt, fertigzustellen. Als **Verspätung (lateness)** bezeichnet man die Zeit, um die sich das tatsächliche Bearbeitungsende eines Auftrags gegenüber dem zugesagten Liefertermin verzögert (siehe FRENCH 1982, Seite 10). Man unterstellt hierbei, daß bei verspäteten Aufträgen Konventionalstrafen zu leisten sind, oder daß die Kunden in Zukunft bei anderen Unternehmen bestellen. Während die Konventionalstrafen noch quantifiziert werden können, ist dies bei den Kundenverlusten nur noch durch Schätzungen möglich. Anstatt der aus den Verspätungen resultierenden Kosten eignen sich deshalb die Summe der Verspätungen aller Aufträge, die maximale oder die durchschnittliche Verspätung oder die Anzahl der verspäteten Aufträge wesentlich besser als Bewertungskriterium. Zunächst ist zu prüfen, ob diese Kriterien für die Bewertung der Reihenfolgen in dem hier betrachteten Kontext relevant sind. Bereits in Abschnitt 2.1 wurde erwähnt, daß die

Reihenfolgeplanung als Bestandteil der Feinterminplanung einzuordnen ist. Deshalb entspricht die einzuplanende Auftragsmenge maximal einer Tagesproduktion. Im weiteren soll die realistische Annahme zugrunde liegen, daß die zugesagten Fertigstellungstermine auf Tage, nicht aber auf Stunden bezogen sind. Ob die Aufträge rechtzeitig fertiggestellt werden, ist folglich allein von dem jeweiligen Produktionstag abhängig. Die Produktionstage der Aufträge werden nicht im Rahmen der Reihenfolgeplanung, sondern durch das in der Planungshierarchie übergeordnete Planungsinstrument festgelegt. Für die Ermittlung optimierter Reihenfolgen bedeutet dies, daß die Verspätungen nicht durch die konkrete Auftragsfolge beeinflußt werden können. Die zuvor genannten, auf den Verspätungen basierenden Kriterien besitzen deshalb für die Reihenfolgeplanung in dem hier betrachteten Kontext keine Bedeutung.

2.3.4 Kriterien der Kapazitätsauslastung

Neben Durchlaufzeiten und Verspätungen kommen auch die Leerzeiten der Bearbeitungsstationen und die Wartezeiten der Aufträge als Kenngrößen der Auftragsfolgen in Frage (vgl. HACKSTEIN 1984, Seite 198 ff). Die **Leerzeit** einer Station ist durch die Summe aller Zeiträume definiert, in denen kein Auftrag an der jeweiligen Station bearbeitet wird. Als **Wartezeit** bezeichnet man die Zeit, in der ein Auftrag insgesamt unbearbeitet auf dem Fließband liegt. Bei der Analyse der Gesamtdurchlaufzeit wurde bereits angenommen, daß die Aufträge in gleichen zeitlichen Abständen in Höhe einer Taktzeit auf das Band genommen werden. Aus diesem Grund ist die Summe der Wartezeiten aller Aufträge vor dem Fließband bei allen Reihenfolgen gleich hoch. Deshalb werden die Wartezeiten vor der ersten Station nicht berücksichtigt.

Auch die Leer- und Wartezeiten sind dahingehend zu prüfen, inwieweit sie sich für die Bewertung bei Fließbandfertigung eignen. Ferner ist zu analysieren, ob sie mit den von der Reihenfolge der Aufträge abhängigen Kosten und Erlösen positiv oder negativ korrelieren. Die folgende Abbildung 2.1 (übernommen aus DECKER 1989, Seite 42) zeigt den **Zeitplan (schedule)** der Bearbeitung von drei Aufträgen an drei Stationen.

In der durch Abbildung 2.1 dargestellten Situation beginnt die Bearbeitung der Aufträge immer genau zu den Zeitpunkten, in denen sie den Anfang der entsprechenden Stationen erreichen. Diese Zeitpunkte werden als **ideale Bearbeitungs-**

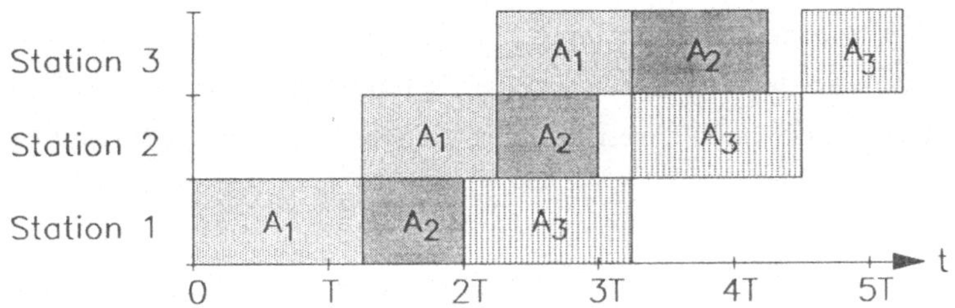

Abbildung 2.1:   Zeitplan bei idealer Auslastung
(T bezeichnet die Taktzeit)

anfangszeitpunkte bezeichnet. Darüber hinaus ist erkennbar, daß die Bearbeitungsendzeitpunkte aller Aufträge an allen Stationen mit den Zeitpunkten übereinstimmen, in denen die Aufträge an den jeweiligen Stationsenden ankommen. Diese Zeitpunkte definieren die **idealen Bearbeitungsendzeitpunkte**. Da weder Leer- noch Wartezeiten auftreten, ist die Auslastung aller Stationen optimal. Diese Idealauslastung läßt sich aber nur erreichen, weil die Bearbeitungszeiten aller Aufträge an allen Stationen mit der Taktzeit genau übereinstimmen. Bei der Produktion variantenreicher Produkte wird es auch Bearbeitungszeiten geben, die von der Taktzeit abweichen. Abbildung 2.2 zeigt eine derartige realistischere Situation (ebenfalls aus DECKER 1989, Seite 42).

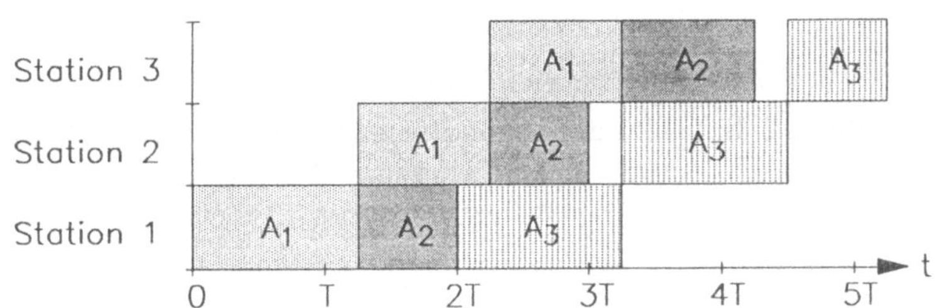

Abbildung 2.2:   Zeitplan bei realistischer Auslastung

An den Stationen 2 und 3 treten jetzt zwischen den Aufträgen A_2 und A_3 Leerzeiten auf (in Abbildung 2.2 sind diese Leerzeiten an den nicht schraffierten Flächen zwischen den beiden Aufträgen zu erkennen). Ferner entstehen bei Auftrag A_2 Wartezeiten, da dieser Auftrag nach seiner Fertigstellung an den Stationen 1 und 2 für einige Zeit auf den Bearbeitungsbeginn an der jeweils folgenden Station warten muß und deshalb unbearbeitet auf dem Fließband liegt. Neben Leer- und Wartezeiten treten auch die im vorangehenden Abschnitt beschriebenen Überhänge auf, die aus Bearbeitungszeiten resultieren, die länger als die Taktzeit sind. Beispielsweise verursachen an der ersten Station die Aufträge A_1 und A_3 positive Überhänge, da beide Aufträge erst nach ihrem idealen Bearbeitungsendzeitpunkt fertiggestellt werden.

Sowohl die positiven Überhänge als auch die Leer- und Wartezeiten hängen von der konkret gewählten Auftragsfolge ab. In der folgenden Abbildung entstehen bei der Permutation (A_1, A_2) keine Leerzeiten, dafür eine Wartezeit, da Auftrag A_2 auf seinen Bearbeitungsbeginn an Station 2 warten muß. Bei der Permutation (A_2, A_1) entstehen keine Wartezeiten, dafür an Station 2 zwischen beiden Aufträgen eine Leerzeit. Die Permutationen unterscheiden sich offensichtlich auch hinsichtlich der positiven Überhänge.

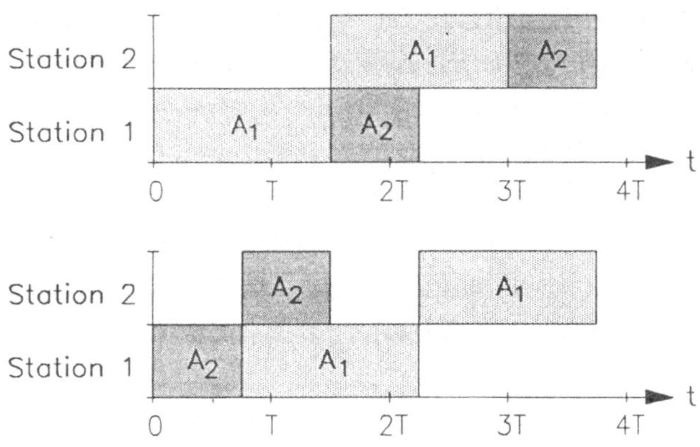

Abbildung 2.3:   Einfluß der Auftragsfolge auf die Überhänge
und auf die Leer- und Wartezeiten

Die zuvor genannten Kriterien eignen sich grundsätzlich zur Bewertung bei Fließbandfertigung. Sie erweisen sich aber nur dann ökonomisch als sinnvoll, wenn durch eine Optimierung dieser Kriterien auch die Produktionskosten reduziert werden. Es ist also zu klären, welche Nachteile oder Kosten mit den positiven Überhängen und den Leer- und Wartezeiten verbunden sind. Wenn im folgenden nicht explizit zwischen negativen und positiven Überhängen differenziert wird, ist mit der Bezeichnung "Überhang" immer ein positiver Überhang gemeint.

Zur Bewältigung der (positiven) Überhänge werden mehrere Maßnahmen getroffen. Wie bereits in Abschnitt 2.2.2 erläutert wurde, kommen hierzu die Erhöhung der Arbeitsleistung, der Einsatz von Springern und das Auslassen kompletter Arbeitsgänge in Frage. Höhere Arbeitsleistungen bedeuten, daß die Arbeiter am Fließband die Arbeitsgänge schneller verrichten müssen, was zu Streß und Hektik führt. Man kann annehmen, daß in solchen Situationen vermehrt fehlerhaft gearbeitet wird. Dies kann sich in Form von erhöhten Garantie- und Kulanzleistungen niederschlagen, die das Unternehmen nach dem Verkauf der Produkte aufzubringen hat. Inwieweit die Überhänge die Arbeitszufriedenheit der Fließbandarbeiter negativ beeinflussen, kann wohl nur mit einer umfassenden empirischen Untersuchung beurteilt werden. Mit Sicherheit beeinflussen noch weitere, im allgemeinen bedeutendere Faktoren, wie z.B. die Entlohnung, das Betriebsklima, die Arbeitszeiten usw., die Arbeitszufriedenheit (vgl. hierzu SÖHNER 1985), so daß den Überhängen nur eine untergeordnete Bedeutung beizumessen ist. Eine unzureichende Arbeitszufriedenheit der Mitarbeiter kann sich durch eine erhöhte Fehler- und Fluktuationsrate sowie durch vermehrte Fehlzeiten äußern. Die hierdurch verursachten Kosten sind nicht unerheblich. Auch der Einsatz von Springern ist mit hohen Kosten verbunden. In der Praxis wird man ganz ohne Springer nicht auskommen können, da aufgrund von Pausen und fehlenden Mitarbeitern Ersatzpersonal für das Fließband unumgänglich ist. Wenn jedoch die Anzahl der Springer wegen häufig auftretender Überhänge erhöht werden muß, so scheint eine Reduzierung dieser Überhänge geboten. Erzwingen Überhänge das Auslassen von einzelnen Arbeitsgängen, dann erhöhen sie dadurch auch die Produktionskosten, da für die Nacharbeit zusätzliche Mitarbeiter, evtl. wiederum Springer, erforderlich sind. Wenn sehr große Überhänge Bandstillstände verursachen, entstehen durch die Produktionsausfälle ebenfalls sehr hohe Kosten.

Die vorangehenden Ausführungen machen deutlich, daß sich Überhänge negativ auf die Produktionskosten auswirken. Sie eignen sich deshalb auch in ökonomischer Hinsicht zur Bewertung der Auftragsfolgen. Neben der Summe aller Überhänge kann man auch den betragsmäßig größten Überhang betrachten.

Mit Blick auf Bandstillstände könnte insbesondere der größte Überhang relevant sein. Dem ist zu entgegnen, daß dieser Überhang durchaus mit den anderen Maßnahmen bewältigt werden kann und deshalb nicht unbedingt der Verursacher eines Bandstillstandes sein muß. Womöglich können die betreffenden Arbeitsgänge einfach ausgelassen werden. Zum anderen entsteht bei konfliktären Arbeitsgängen der größte Überhang sehr häufig unabhängig von der Auftragsfolge immer an der gleichen Station und beim gleichen Auftrag. Wenn die Bearbeitungszeiten eines Auftrags an zwei oder mehr aufeinanderfolgenden Stationen über der Taktzeit liegen, verursacht bereits an der ersten Station die hohe Bearbeitungszeit einen Überhang. Aufgrund der konfliktären Arbeitsgänge verspätet sich der Bearbeitungsbeginn an der zweiten Station. Da auch an der zweiten Station eine hohe Bearbeitungszeit vorliegt, wird der Überhang am Ende der zweiten Station noch größer, so daß sich die Bearbeitung an der dritten Station noch weiter verspätet. Dieser Effekt verstärkt sich mit jeder weiteren Folgestation, an der beim gleichen Auftrag hohe Bearbeitungszeiten zu bewältigen sind. Der größte Überhang entsteht unabhängig von dem vorangehenden oder nachfolgenden Auftrag an einer der aufeinanderfolgenden Stationen, an denen der Auftrag hohe Bearbeitungszeiten besitzt. Dieser Überhang kann deshalb nur geringfügig durch die Optimierung der Auftragsfolge reduziert werden. Da in den folgenden Kapiteln immer konfliktäre Arbeitsgänge zugrundeliegen, bleibt der betragsmäßig größte Überhang aus den zuvor erläuterten Gründen als Bewertungskriterium unbeachtet, so daß nur die Summe der positiven Überhänge Relevanz besitzt.

Positive Überhänge treten zum einen bei langen Bearbeitungszeiten auf. Zum anderen können sie entstehen, wenn sich der Bearbeitungsbeginn eines Auftrags an einer Station gegenüber dem entsprechenden idealen Bearbeitungsanfangszeitpunkt verspätet, da der vorangehende Auftrag an der gleichen Station einen positiven Überhang erzwungen hat. Abbildung 2.4 verdeutlicht diesen Sachverhalt. Auftrag A_1 verursacht wegen seiner langen Bearbeitungszeit einen positiven Überhang. Dadurch verspätet sich der Beginn der Bearbeitung von Auftrag A_2. Obwohl die Bearbeitungszeit von Auftrag A_2 mit der Taktzeit übereinstimmt, entsteht auch bei diesem Auftrag der gleiche positive Überhang wie bei Auftrag A_1. Erst mit der Bearbeitung von A_3 wird dieser Überhang durch eine kurze Bearbeitungszeit beseitigt.

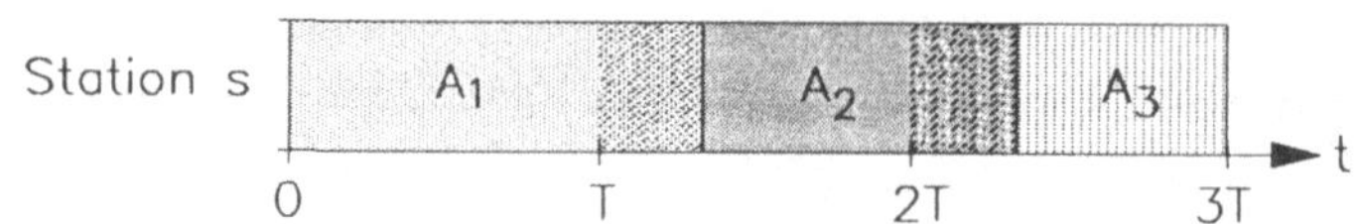

Abbildung 2.4:   Auftragsfolge mit positiven Überhängen
(Positive Überhänge sind doppelt schraffiert)

Für die weiteren Ausführungen ist zu klären, wie die Optimierung der Auftragsfolge die Summe der positiven Überhänge reduzieren kann. Geringere positive Überhänge entstehen dann, wenn mit der Bearbeitung der entsprechenden Aufträge früher begonnen wird. Dies bedeutet, daß positive Überhänge mit Hilfe von negativen minimiert werden können. Negative Überhänge sind nur dann möglich, wenn der jeweils vorangehende Auftrag an der betrachteten Station aufgrund einer kurzen

Bearbeitungszeit eine Leerzeit verursacht. Deshalb ist die Auftragsfolge so zu wählen, daß den Aufträgen mit langen Bearbeitungszeiten Aufträge mit kurzen Bearbeitungszeiten vorausgehen. In Abbildung 2.5 wurde gegenüber Abbildung 2.4 die Auftragsfolge gemäß dieser Überlegung geändert. Die kurze Bearbeitungszeit von Auftrag A_3 verursacht eine Leerzeit, die einen negativen Überhang, d.h. einen vorgezogenen Bearbeitungsbeginn von Auftrag A_1 ermöglicht. Aus diesem Grund entstehen bei den Aufträgen A_1 und A_2 keine positiven Überhänge mehr.

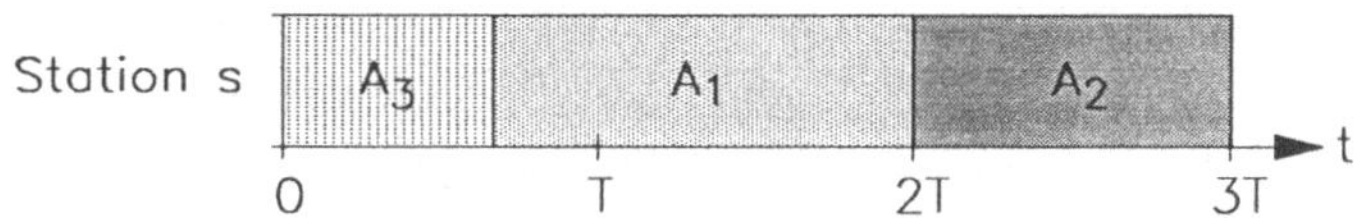

Abbildung 2.5:   Auftragsfolge ohne positive Überhänge

Dieses Beispiel zeigt, daß durch eine Umstellung der Aufträge eine Glättung der Auslastung der Stationen erreicht werden kann. Durch eine geeignete Wahl der Auftragsfolge werden die Belastungspitzen, d.h. die positiven Überhänge, auf die Zeiträume verteilt, in denen die Auslastung der Stationen aufgrund von Leerzeiten gering ist. Man bezeichnet diesen Vorgang als **Kapazitätsabgleich**. In dem hier betrachteten Kontext besteht die Aufgabe der Reihenfolgeplanung darin, Auftragsfolgen zu ermitteln, die eine möglichst **gleichmäßige Auslastung aller Stationen** bewirken. In bezug auf die in Abschnitt 2.1 erwähnte Planungshierarchie wird mit Hilfe der Reihenfolgeplanung innerhalb der kurzfristigen operativen Produktionsplanung eine kapazitätsorientierte Feinterminplanung durchgeführt.

Eine gleichmäßige Auslastung der Stationen liegt dann vor, wenn die Summe der positiven Überhänge minimal ist. Das Ziel "gleichmäßige Auslastung aller Stationen" wird durch das Unterziel "Summe der positiven Überhänge" konkretisiert und operationalisiert, so daß die Gleichmäßigkeit der Auslastung numerisch meßbar ist. Die verschiedenen Auftragsfolgen kann man somit anhand des Kriteriums "gleichmäßige Auslastung" bewerten, da sich für jede Auftragsfolge die Summe der positiven Überhänge berechnen läßt. Die Gleichmäßigkeit der Auslastung wird noch durch ein weiteres Unterziel konkretisiert. In Abbildung 2.2 treten neben Überhängen auch Leerzeiten auf. Geringe Leerzeiten lassen ebenfalls auf eine gleichmäßige Auslastung der Bearbeitungsstationen schließen. Das folgende Beispiel demonstriert die Plausibilität dieser Überlegung. Es wird zunächst eine Auftragsfolge betrachtet, in der keine Leerzeiten auftreten. Die Gesamtdurchlaufzeit betrage 100 Minuten. Da keine Leerzeiten existieren, beträgt die produktive Zeit aller Stationen ebenfalls 100 Minuten. Bei einer anderen Auftragsfolge ergeben sich Leerzeiten in Höhe von 20 Minuten. Da bei Fließbandfertigung die Gesamtdurchlaufzeit bei allen Reihenfolgen identisch ist, beträgt die produktive Zeit nur 80 Minuten, d.h. den Arbeitsstationen stehen bei der zweiten Reihenfolge zur Bearbeitung aller Aufträge nur noch 80 Minuten zur Verfügung. Um Bandstillstände zu vermeiden, sind Maßnahmen zu ergreifen, damit alle Aufräge in diesen 80 Minuten fertiggestellt werden können. Bei der zweiten Auftragsfolge sind die unproduktiven Phasen durch erhöhte Arbeitsleistung, Springereinsatz oder Auslassen von Arbeitsgängen in den produktiven Phasen auszugleichen. Die erste Reihenfolge bewirkt eine gleichmäßigere Auslastung der Stationen. Die Gleichmäßigkeit der Auslastung wird offensichtlich auch von den Leerzeiten beeinflußt. Der Ausgleich der unproduktiven Phasen bei der zweiten Auftragsfolge führt in den produktiven Phasen zu positiven Überhängen. Zwischen Leerzeiten und positiven Überhängen besteht deshalb ein enger Zusammenhang. Bei Reihenfolgen mit hohen Leerzeiten entstehen auch hohe Überhangssummen und umgekehrt. In Kapitel 4 wird dieser Sachverhalt durch Simulation bestätigt.

Die Zielsetzung "Gleichmäßigkeit der Auslastung" wird also durch die zwei Unterziele "Summe der positiven Überhänge" und "Summe aller Leerzeiten" operationalisiert. Man beachte, daß zwischen Leerzeiten und Überhängen ein enger Zusammenhang besteht; es handelt sich aber dennoch um zwei verschiedene Kriterien.

Zu Beginn der Diskussion über die gleichmäßige Auslastung wurde gezeigt, daß auch die Summe der Wartezeiten aller Aufträge grundsätzlich als Bewertungskriterium für die Reihenfolgeplanung bei Fließbandfertigung geeignet ist. Auch das Kriterium "Summe aller Wartezeiten" ist zunächst dahingehend zu überprüfen, ob es sich als ökonomisch sinnvoll erweist.

Die Wartezeiten bewerten die Qualität einer Reihenfolge aus der Sicht der Aufträge, die Überhänge und Leerzeiten dagegen aus der Sicht der Stationen. Ein unmittelbarer Zusammenhang zwischen den Wartezeiten und den Überhängen und Leerzeiten ist deshalb nicht gegeben. Da die Aufträge bei Fließbandfertigung die Stationen mit konstanter Geschwindigkeit passieren und deshalb ihre Wartezeiten nicht in Zwischenlägern, sondern auf dem Fließband innerhalb der Stationen verbringen, ergibt sich ein indirekter Zusammenhang zwischen der Summe der Wartezeiten und der gleichmäßigen Auslastung der Stationen. Wenn die Summe der Wartezeiten niedrig ist, so deutet dies darauf hin, daß die Aufträge in den Stationen gleichmäßig, ohne große Unterbrechungen bearbeitet werden. Dieser Zusammenhang mag auf den ersten Blick nicht zwingend erscheinen; die Simulationsergebnisse aus Kapitel 4 werden ihn aber bestätigen, wenngleich der Zusammenhang zwischen Überhängen, Leerzeiten und gleichmäßiger Auslastung deutlicher ist. Aus diesem Grund wird man die Wartezeiten nicht als Bewertungskriterium für den betrachteten Kontext verwenden, zumal Überhänge und Leerzeiten die Gleichmäßigkeit der Bearbeitung vollständig bewerten.

Neben den bisher diskutierten Bewertungskriterien werden in der Literatur zahlreiche andere betrachtet (vgl. beispielsweise HACKSTEIN 1984 oder MELLOR 1966). Es zeigt sich jedoch, daß speziell bei Fließbandfertigung nur den Überhängen und den Leerzeiten eine zentrale Bedeutung zukommt. Aus diesem Grund beschreibt das nächste Kapitel ein Optimierungsverfahren, mit dem sich Reihenfolgen mit minimierten Überhangssummen berechnen lassen. Aufgrund des weiter oben erwähnten engen Zusammenhanges zwischen Überhängen und Leerzeiten minimiert dieses Verfahren mit den Überhängen auch die Leerzeiten. Die optimierten Auftragsfolgen bewirken deshalb eine gleichmäßigere Auslastung der Bearbeitungsstationen.

Kapitel 3

Reihenfolgeplanung bei unabhängigen Fließbändern

Im vorangehenden Kapitel wurden die Merkmale und Besonderheiten der Fließbandfertigung dargestellt und die relevanten Bewertungskriterien erläutert. Darauf aufbauend wird im folgenden ein Optimierungsverfahren beschrieben, mit dem für konkrete Fließbandkonfigurationen eine bezüglich der Summe der positiven Überhänge und der Leerzeiten optimierte Reihenfolge berechnet werden kann. Der erste Abschnitt nennt die notwendigen Voraussetzungen und definiert das zugrundeliegende Modell. Danach erfolgt die Formalisierung der Bewertungskriterien und des Optimierungsverfahrens.

3.1 Grundlegende Modellannahmen

In Abschnitt 2.2 wurden die grundlegenden Problemklassen der Reihenfolgeplanung und die Besonderheiten der Fließbandfertigung erläutert. Ein Optimierungsverfahren, das man universell für alle Problemstellungen verwenden kann, ist schon deshalb kaum denkbar, da sich in den einzelnen Klassen bereits die Optimierungsziele unterscheiden. Für einige Anwendungen steht die Minimierung der Gesamtdurchlaufzeit im Vordergrund; bei Fließbandfertigung besitzt diese Zielsetzung in bezug auf die Reihenfolgeplanung keine Bedeutung. Die in den nächsten Abschnitten beschriebene Bewertungsmethode sowie das anschließend vorgestellte Optimierungsverfahren beziehen sich deshalb auf ein ganz bestimmtes Reihenfolgeproblem, das die nachfolgenden Modellannahmen definieren.

1. Betrachtet wird ausschließlich die Reihenfolgeplanung bei Fließbandfertigung im Rahmen der kurzfristigen operativen Produktionsplanung. Es liegt also ein spezielles Permutation–Flow–Shop–Problem zugrunde, bei dem die Aufträge die unmittelbar aufeinanderfolgenden Stationen mit einer konstanten Geschwindigkeit passieren. Aufträge können das Band nicht vor dem Bandende verlassen. Das Fließband ist in keiner Weise von vorgelagerten oder nachfolgenden Produktionsstufen abhängig.

2. Die Anzahl der Aufträge und Stationen sowie die Taktzeit sind im voraus bekannt und unveränderlich.

3. Alle Stationen besitzen die gleiche Taktzeit.

4. Alle Aufträge sind zum Zeitpunkt 0 verfügbar, d.h. sie besitzen identische Freigabezeitpunkte.

5. Die Bearbeitungszeiten sind deterministisch, unabhängig von der Auftragsfolge und nicht bei allen Aufträgen gleich. Die Bearbeitungszeiten einiger Aufträge sind an einigen Stationen länger als die Taktzeit.

6. Alle $n!$ Permutationen der n Aufträge stellen zulässige Reihenfolgen dar.

7. An jeder Station kann zu jedem Zeitpunkt maximal ein Auftrag bearbeitet werden. Die parallele Bearbeitung aufeinanderfolgender Aufträge ist nicht möglich.

8. Der maximale positive Überhang ist an allen Stationen größer als 0 und an allen Stationen identisch. Der negative maximale Überhang ist mit dem positiven betragsgleich. Damit auch die erste Station negative Überhänge ausnutzen kann, existiert vor der ersten Station ein **Bandvorlauf**. Entsprechend befindet sich nach der letzten Station ein **Bandauslauf** in Höhe des maximalen Überhangs, so daß auch an der letzten Station positive Überhänge ermöglicht werden.

9. Die Arbeitsgänge aufeinanderfolgender Stationen sind konfliktär. Bei einem positiven Überhang verzögert sich somit der Bearbeitungsbeginn eines Auftrags an der nächsten Station, da die nachfolgenden Arbeitsgänge erst beginnen können, wenn die vorangehenden beendet wurden.

10. Zur Einhaltung des maximalen positiven Überhangs werden folgende Maßnahmen ergriffen:

    - Erhöhung der Arbeitsleistung

- Einsatz von Springern

- Auslassen von (Teil-) Arbeitsgängen (Nacharbeit).

Die Bearbeitungsendzeitpunkte überschreiten dadurch nie die maximalen positiven Überhänge. Bandstillstände treten deshalb nicht auf.

11. Die Bearbeitung des ersten Auftrags beginnt an der ersten Station zum Zeitpunkt 0. Die Bearbeitung der restlichen Aufträge beginnt immer unter Ausnutzung evtl. negativer Überhänge zum jeweils frühest möglichen Zeitpunkt.

12. Die Aufträge werden in gleichen zeitlichen Abständen in Höhe einer Taktzeit auf das Fließband genommen.

13. Auf Fertigstellungstermine muß keine Rücksicht genommmen werden.

14. Gesucht wird eine Reihenfolge der Aufträge, bei der die Summe aller positiven Überhänge minimal ist.

In der ersten Annahme wird verlangt, daß die Aufträge die Stationen mit einer konstanten Geschwindigkeit passieren. In der Praxis werden auch Fließbänder eingesetzt, bei denen das Band immer wieder für die Dauer einer Taktzeit stillsteht und danach die Aufträge in die Folgestation transportiert. In diesen Fällen sind die Arbeitsgänge zu sehr an die jeweiligen Stationen gebunden, so daß das in Verbindung mit den Überhängen erläuterte Voraus- und Nacharbeiten in der vorangehenden bzw. nachfolgenden Station nicht möglich ist. Deshalb sind Bearbeitungszeiten, die länger als eine Taktzeit dauern, kaum denkbar — ein wesentlicher Nachteil gegenüber Fließbändern, bei denen die Aufträge kontinuierlich transportiert werden.

In der Praxis kann gewöhnlich die Bandgeschwindigkeit, d.h. die Taktzeit, innerhalb bestimmter Grenzen variiert werden. Die zweite der obigen Annahmen fordert, daß die Taktzeit unveränderlich ist. Gemeint ist hierbei, daß die Taktzeit während der Bearbeitung der n betrachteten Aufträge nicht verändert wird.

Im dritten Punkt wird verlangt, daß die Taktzeit an allen Stationen identisch ist. Unterschiedliche Taktzeiten machen es erforderlich, daß an den Stationen zwei Aufträge parallel bearbeitet werden können. Dies läßt sich an einem einfachen Beispiel verdeutlichen. Hierbei wird von 2 Stationen ausgegangen, wobei die Taktzeit der ersten Station 2 und die der zweiten 10 Minuten beträgt. Zu bearbeiten sind 2 Aufträge, deren Bearbeitungszeiten an jeder Station mit der jeweiligen Taktzeit übereinstimmen. Nach 2 Minuten verläßt der erste Auftrag die erste Station, da Taktzeit und Bearbeitungszeit 2 Minuten lang sind. Nach 2 weiteren Minuten verläßt aus dem gleichen Grund auch der zweite Auftrag die erste Station. Zu diesem Zeitpunkt muß der erste Auftrag an der zweiten Station noch 8 Minuten bearbeitet werden, da seine Bearbeitungszeit an der zweiten Station 10 Minuten beträgt. Deshalb befinden sich an der zweiten Station 8 Minuten lang zwei Aufträge. Wenn nicht beide Aufträge parallel bearbeitet werden, verspätet sich die Bearbeitung des zweiten Auftrags so sehr, daß nur 2 der 10 Minuten Bearbeitungszeit an der zweiten Station für diesen Auftrag verwendet werden. Es entsteht ein sehr großer positiver Überhang, obwohl die ideale Auslastung vorliegen müßte, da die Bearbeitungszeiten aller Aufträge an allen Stationen mit der Taktzeit übereinstimmen. Wenn noch mehr solche "ideale" Aufträge folgen, addieren sich diese Überhänge immer mehr auf; ein Bandstillstand wäre nicht zu vermeiden. Offensichtlich sind unterschiedliche Taktzeiten nur in Verbindung mit Parallelarbeit innerhalb der einzelnen Stationen sinnvoll. Da hierzu sowohl die erforderlichen Maschinen und Werkzeuge als auch die Anzahl der Fließbandarbeiter verdoppelt werden müßte, wird man Fließbänder i.a. so konstruieren, daß alle Stationen die gleiche Taktzeit besitzen. Die dritte Modellannahme erweist sich folglich als realistisch.

Maximale negative und positive Überhänge können sich in der Realität betragsmäßig unterscheiden. Die 8. Modellannahme fordert, daß maximale negative und positive Überhänge betragsgleich und an allen Stationen identisch sind. Diese Einschränkung dient nur zur Vereinfachung des Bewertungsverfahrens.

Die restlichen Modellannahmen wurden bereits im zweiten Kapitel diskutiert, so daß hier keine weiteren Erläuterungen erforderlich sind. Die Modellannahmen bilden die Grundlage für das Optimierungsverfahren und für die im nächsten Abschnitt formalisierte Bewertung.

3.2   Bewertung einzelner Reihenfolgen

In Abschnitt 2.3 wurde bereits erläutert, daß bei Fließbandfertigung eine möglichst gleichmäßige Auslastung der Stationen anzustreben ist. Die Gleichmäßigkeit der Auslastung ist für jede Reihenfolge durch die Summe der positiven Überhänge und durch die Summe der Leerzeiten quantifizierbar. Zur Berechnung dieser Größen ist zuerst der Zeitplan der zugrundeliegenden Reihenfolge zu erstellen, d.h. es müssen die Bearbeitungsanfangs- und -endzeitpunkte aller Aufträge an allen Stationen ermittelt werden. Hieraus lassen sich dann die Überhänge und Leerzeiten berechnen.

Der Zeitplan wird im Rahmen der in den folgenden Abschnitten definierten **Zeitrechnung (timetabling)** erstellt.

3.2.1   Definition der Variablen und Fließbandparameter

Zur mathematischen Beschreibung der Zeitrechnung und der Bewertungskriterien werden folgende Variablen und Fließbandparameter verwendet:

n : Anzahl der einzuplanenden Aufträge.

m : Anzahl der Stationen des Fließbandes.

T : Taktzeit (in Sekunden).

$MaxUbhg$: Maximaler negativer und positiver Überhang.

$\sigma(i)$: Nummer des Auftrags, der in der Reihenfolge σ an i–ter Position steht ($i = 1, \ldots, n$). Für die Reihenfolge $\sigma = (4, 1, 3, 2)$ gilt: $\sigma(1) = 4$, $\sigma(2) = 1$, $\sigma(3) = 3$ und $\sigma(4) = 2$.

$BZ_{\sigma(i),s}$: Bearbeitungszeit von Auftrag $\sigma(i)$ an Station s ($i = 1, \ldots, n$; $s = 1, \ldots, m$).

$IdBAZ_{\sigma(i),s}$: Idealer Bearbeitungsanfangszeitpunkt von Auftrag $\sigma(i)$ an Station s ($i = 1, \ldots, n$; $s = 1, \ldots, m$). Der ideale Bearbeitungsanfangszeitpunkt eines Auftrags an einer Station wird durch den Zeitpunkt definiert, an dem der Auftrag aufgrund der konstanten Geschwindigkeit des Fließbandes den jeweiligen Stationsanfang erreicht.

$IdBEZ_{\sigma(i),s}$: Idealer Bearbeitungsendzeitpunkt von Auftrag $\sigma(i)$ an Station s ($i = 1, \ldots, n$; $s = 1, \ldots, m$). Der ideale Bearbeitungsendzeitpunkt bezeichnet den Zeitpunkt, an dem ein Auftrag das entsprechende Stationsende passiert.

$BAZ_{\sigma(i),s}$: Tatsächlicher Bearbeitungsanfangszeitpunkt von Auftrag $\sigma(i)$ an Station s ($i = 1, \ldots, n$; $s = 1, \ldots, m$).

$BEZ_{\sigma(i),s}$: Tatsächlicher Bearbeitungsendzeitpunkt von Auftrag $\sigma(i)$ an Station s ($i = 1, \ldots, n$; $s = 1, \ldots, m$).

MAL : Maximale absolute Leistungssteigerung. Um positive Überhänge zu reduzieren, erhöhen die Fließbandarbeiter ihre Arbeitsleistung. Durch die MAL wird bestimmt, um wieviele Zeiteinheiten sich das Bearbeitungsende eines Auftrags bei normaler Arbeitsleistung gegenüber dem Stationsende verspäten kann, damit der Auftrag aufgrund erhöhter Arbeitsleistung letztlich doch noch rechtzeitig zum Stationsende fertiggestellt werden kann. Wenn beispielsweise bei einer MAL

von 10 Sekunden das Bearbeitungsende eines Auftrags sich um weniger als 10 Sekunden gegenüber dem idealen Bearbeitungsendzeitpunkt verspätet, so wird im weiteren angenommen, daß dieser Auftrag durch eine Erhöhung der Arbeitsleistung in Wirklichkeit zum Stationsende, d.h. zu seinem idealen Bearbeitungsendzeitpunkt an der entsprechenden Station fertiggestellt wird. Die tatsächliche Bearbeitungszeit wird also durch erhöhte Arbeitsleistung um einen von der MAL abhängigen Betrag reduziert.

MPL : Maximale prozentuale Leistungssteigerung. Mit der MPL wird die maximale Leistungssteigerung in Form eines auf die Taktzeit bezogenen Prozentsatzes spezifiziert. Die funktionale Beziehung zwischen MAL und MPL ist also durch $MAL = MPL \cdot T$ gegeben.

MAS : Maximale absolute Streuung. Die Bearbeitungszeiten streuen in einem um die Taktzeit symmetrischen Intervall. Die MAS gibt hierbei vor, um wieviele Zeiteinheiten die Bearbeitungszeiten maximal von der Taktzeit abweichen dürfen. So sind z.B. bei einer Taktzeit in Höhe von 100 und einer MAL von 25 Sekunden die Bearbeitungszeiten zwischen 75 und 125 Sekunden lang.

MPS : Maximale prozentuale Streuung. Die MPS bestimmt die maximale Streuung der Bearbeitungszeiten um die Taktzeit durch einen auf die Taktzeit bezogenen Prozentsatz. Folglich gilt zwischen MPS und MAS die Beziehung $MAS = MPS \cdot T$.

Das 6–Tupel $(n, m, T, MaxUbhg, MPL, BZ)$ wird als **Fließbandkonfiguration** bezeichnet. Der Parameter BZ steht hierbei für die Menge der Bearbeitungszeiten der n Aufträge an den m Stationen. Dieses Parametertupel definiert in Verbindung mit den Modellannahmen aus Abschnitt 3.1 das spezielle Optimierungsproblem.

3.2.2 Mathematische Formulierung der Zeitrechnung

Ideale Bearbeitungsanfangs- und -endzeitpunkte

Der ideale Bearbeitungsanfangszeitpunkt des ersten Auftrags $\sigma(1)$ fällt definitionsgemäß auf den Zeitpunkt 0:

$$(3.1) \qquad IdBAZ_{\sigma(1),1} := 0.$$

Da die Aufträge im zeitlichen Abstand einer Taktzeit aufeinanderfolgen, ergibt sich der ideale Bearbeitungsanfangszeitpunkt von Auftrag $\sigma(i)$ an Station s aus dem idealen Bearbeitungsanfangszeitpunkt des vorangehenden Auftrags an der gleichen Station zuzüglich einer Taktzeit:

$$(3.2) \qquad IdBAZ_{\sigma(i),s} := IdBAZ_{\sigma(i-1),s} + T, \qquad\qquad (i = 2,\ldots,n \,;\, s = 1,\ldots,m).$$

Alternativ läßt sich der ideale Bearbeitungsanfangszeitpunkt von Auftrag $\sigma(i)$ an Station s auch aus dem idealen Bearbeitungsanfangszeitpunkt dieses Auftrags an der vorangehenden Station durch Addition einer Taktzeit ermitteln:

$$(3.3) \qquad IdBAZ_{\sigma(i),s} := IdBAZ_{\sigma(i),s-1} + T, \qquad\qquad (i = 1,\ldots,n \,;\, s = 2,\ldots,m).$$

Die idealen Bearbeitungsendzeitpunkte unterscheiden sich von den entsprechenden idealen Bearbeitungsanfangszeitpunkten um eine Taktzeit:

$$(3.4) \qquad IdBEZ_{\sigma(i),s} := IdBAZ_{\sigma(i),s} + T, \qquad\qquad (i = 1,\ldots,n \,;\, s = 1,\ldots,m).$$

Der ideale Bearbeitungsanfangszeitpunkt von Auftrag $\sigma(i)$ an Station s ist mit seinem idealen Bearbeitungsendzeitpunkt an der vorangehenden Station $s-1$ identisch:

$$(3.5) \qquad IdBAZ_{\sigma(i),s} = IdBEZ_{\sigma(i),s-1}\,, \qquad\qquad (i = 1,\ldots,n \,;\, s = 2,\ldots,m).$$

Analog hierzu stimmt der ideale Bearbeitungsanfangszeitpunkt von Auftrag $\sigma(i)$ mit dem idealen Bearbeitungsendzeitpunkt des vorangehenden Auftrags $\sigma(i-1)$ an allen Stationen überein:

$$(3.6) \qquad IdBAZ_{\sigma(i),s} = IdBEZ_{\sigma(i-1),s}\,, \qquad\qquad (i = 2,\ldots,n;\; s = 1,\ldots,m).$$

Die Berechnung der idealen Bearbeitungsanfangs- und -endzeitpunkte muß nicht rekursiv erfolgen. Die direkte Berechnung ist mit Hilfe der folgenden Funktionen möglich:

$$(3.7) \qquad IdBAZ_{\sigma(i),s} := T\,(i-1) + T\,(s-1) \;=\; T\,(i+s-2),$$

$$(i = 1,\ldots,n \,;\, s = 1,\ldots,m).$$

Bevor Auftrag $\sigma(i)$ an Station 1 bearbeitet werden kann, müssen zuerst die $(i-1)$ vorangehenden Aufträge die erste Station passieren. Danach benötigt Auftrag $\sigma(i)$, um von Station 1 nach Station s zu kommen, weitere $(s-1)$ Taktzeiten (zur Veranschaulichung betrachte man nochmals Abbildung 2.1). Die idealen Bearbeitungsendzeitpunkte erhält man aus (3.7) durch Addition einer Taktzeit:

$$(3.8) \qquad IdBEZ_{\sigma(i),s} := T(i+s-2)+T = T(i+s-1),$$

$$(i = 1, \ldots, n \; ; \; s = 1, \ldots, m).$$

Je nach Situation kann bei der Programmierung der Zeitrechnung die rekursive oder die direkte Berechnung hinsichtlich der Laufzeit günstiger sein. Aus diesem Grund wurden hier beide Methoden beschrieben.

Für die Berechnung der Überhänge und Leerzeiten sind nicht die *idealen*, sondern die *tatsächlichen* Bearbeitungsanfangs- und -endzeitpunkte erforderlich, die sich mit den nachfolgenden Definitionen ermitteln lassen.

Bearbeitungsanfangszeitpunkte der Aufträge $\sigma(1), \ldots, \sigma(n)$ **an Station 1**

Gemäß den Modellannahmen aus Abschnitt 3.1 beginnt die Bearbeitung des ersten Auftrags an der ersten Station zum Zeitpunkt 0:

$$(3.9) \qquad BAZ_{\sigma(1),1} := 0.$$

Die Bearbeitungsanfangszeitpunkte der restlichen Aufträge an der ersten Station müssen rekursiv berechnet werden:

$$(3.10) \qquad BAZ_{\sigma(i),1} := max\left\{ BEZ_{\sigma(i-1),1} \; ; \; IdBAZ_{\sigma(i),1} - MaxUbhg \right\},$$

$$(i = 2, \ldots, n).$$

Entsprechend den Modellannahmen aus Abschnitt 3.1 kann an allen Stationen zu jedem Zeitpunkt maximal ein Auftrag bearbeitet werden. Deshalb beginnt die Bearbeitung des Auftrags $\sigma(i)$ an der ersten Station frühestens nach dem Bearbeitungsende des vorangehenden Auftrags $\sigma(i-1)$; es muß also $BAZ_{\sigma(i),1} \geq BEZ_{\sigma(i-1),1}$

gelten. (Die Berechnung der Bearbeitungsendzeitpunkte wird mit (3.17) im Anschluß an die Definition der Bearbeitungsanfangszeitpunkte formalisiert.) Der Bearbeitungsbeginn von Auftrag $\sigma(i)$ darf nicht beliebig weit vor seinem idealen Bearbeitungsanfangszeitpunkt $IdBAZ_{\sigma(i),1}$ liegen, da der maximale negative Überhang nicht unterschritten werden kann. Folglich muß auch $BAZ_{\sigma(i),1} \geq IdBAZ_{\sigma(i),1} - MaxUbhg$ erfüllt sein. Deshalb wird in (3.10) das Maximum aus dem Bearbeitungsende des vorangehenden Auftrags und dem aufgrund des maximalen negativen Überhangs frühest möglichen Bearbeitungsbeginn als Bearbeitungsanfangszeitpunkt für Auftrag $\sigma(i)$ gewählt.

Das Bearbeitungsende des vorangehenden Auftrags $\sigma(i-1)$ darf nicht beliebig weit nach seinem idealen Bearbeitungsendzeitpunkt liegen, da der maximale positive Überhang nicht überschritten werden kann. Deshalb wird

$$(3.11) \qquad BEZ_{\sigma(i-1),1} \leq IdBEZ_{\sigma(i-1),1} + MaxUbhg, \qquad\qquad (i = 2,\ldots,n)$$

erfüllt. Wegen (3.6) gilt $IdBAZ_{\sigma(i),1} = IdBEZ_{\sigma(i-1),1}$. Deshalb läßt sich (3.11) in

$$(3.12) \qquad BEZ_{\sigma(i-1),1} \leq IdBAZ_{\sigma(i),1} + MaxUbhg, \qquad\qquad (i = 2,\ldots,n)$$

umformen. Damit kann in Verbindung mit den Definitionen (3.9) und (3.10) die Doppelungleichung

$$(3.13) \qquad IdBAZ_{\sigma(i),1} - MaxUbhg \leq BAZ_{\sigma(i),1} \leq IdBAZ_{\sigma(i),1} + MaxUbhg,$$

$$(i = 1,\ldots,n)$$

hergeleitet werden, die wie folgt zu interpretieren ist. Die Bearbeitung kann maximal $MaxUbhg$ Zeiteinheiten vor dem idealen Bearbeitungsanfangszeitpunkt beginnen, da die Fließbandarbeiter nicht beliebig weit in die vorangehenden Stationen "vorausarbeiten" können. Entsprechend wird der positive Überhang des Vorgängerauftrags auf die gleiche Zeitspanne begrenzt, da das "Hineinarbeiten" in Folgestationen ebenfalls nicht unbegrenzt möglich ist. Diese Überlegung ist für die Berechnung der Bearbeitungsanfangs- und -endzeitpunkte aller Aufträge an allen Stationen von grundlegender Bedeutung. Abbildung 3.1 zeigt die symmetrischen Intervalle, in denen die Bearbeitungsanfangszeitpunkte gemäß (3.13) liegen.

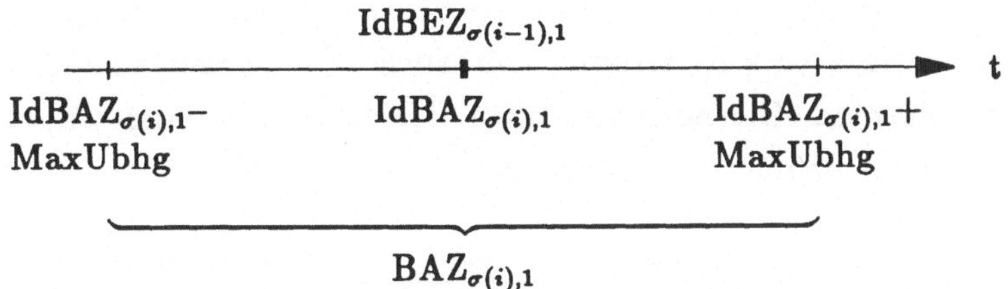

Abbildung 3.1:   Zeitliche Lage der Bearbeitungsanfangszeitpunkte
an Station 1 $(i = 1, \dots, n)$

Bearbeitungsanfangszeitpunkte von Auftrag $\sigma(1)$ an den Stationen $2, \dots, m$

Auftrag $\sigma(1)$ kann erst dann an Station s bearbeitet werden, wenn die Arbeitsgänge an der vorangehenden Station abgeschlossen sind. Auch hier ist der maximale negative Überhang einzuhalten. Deshalb definiert man

$$(3.14) \qquad BAZ_{\sigma(1),s} := max \left\{ BEZ_{\sigma(1),s-1} ; IdBAZ_{\sigma(1),s} - MaxUbhg \right\},$$

$$(s = 2, \dots, m).$$

Diese Bearbeitungsanfangszeitpunkte liegen in den Abbildung 3.1 entsprechenden Zeitintervallen $[IdBAZ_{\sigma(1),s} - MaxUbhg ; IdBAZ_{\sigma(1),s} + MaxUbhg]$ $(s = 1, \dots, m)$, da bei der Bearbeitung an den jeweils vorangehenden Stationen ebenfalls der maximale positive Überhang nicht überschritten werden kann. Die Untergrenze $IdBAZ_{\sigma(1),s} - MaxUbhg$ wird aufgrund des maximalen negativen Überhangs explizit durch Definition (3.14) garantiert.

Bearbeitungsanfangszeitpunkte der Aufträge $\sigma(2), \dots, \sigma(n)$ an den Stationen $2, \dots, m$

Nach wie vor werden ausschließlich konfliktäre Arbeitsgänge betrachtet. Deshalb kann die Bearbeitung von Auftrag $\sigma(i)$ an Station s erst dann beginnen, wenn seine Bearbeitung an der Vorgängerstation $s-1$ abgeschlossen ist. Demzufolge muß $BAZ_{\sigma(i),s} \geq BEZ_{\sigma(i),s-1}$ gelten. Da höchstens ein Auftrag an einer Station bearbeitet werden kann, muß darüber hinaus auch die Bearbeitung des vorangehenden

Auftrags $\sigma(i-1)$ abgeschlossen sein, bevor die Bearbeitung von Auftrag $\sigma(i)$ an Station s beginnt. Aus diesem Grund muß auch die Ungleichung $BAZ_{\sigma(i),s} \geq BEZ_{\sigma(i-1),s}$ erfüllt sein. Die noch fehlenden Bearbeitungsanfangszeitpunkte werden deshalb wie folgt definiert:

$$(3.15) \qquad BAZ_{\sigma(i),s} := max\{\, BEZ_{\sigma(i),s-1} \;;\; BEZ_{\sigma(i-1),s} \;;\; IdBAZ_{\sigma(i),s} - MaxUbhg \,\},$$

$$(i = 2,\ldots,n \;;\; s = 2,\ldots,m).$$

Die Einhaltung des maximalen negativen Überhangs wird wiederum explizit durch (3.15) erzwungen, da die Bearbeitung von Auftrag $\sigma(i)$ aufgrund des Maximum-Operators nicht vor dem Zeitpunkt $IdBAZ_{\sigma(i),s} - MaxUbhg$ möglich ist. Da sowohl bei der Bearbeitung von Auftrag $\sigma(i)$ an der vorangehenden Station $s-1$ als auch bei der Bearbeitung des Vorgängerauftrags $\sigma(i-1)$ an Station s der maximale positive Überhang nicht überschritten werden kann, fällt der Bearbeitungsbeginn von Auftrag $\sigma(i)$ an Station s in das zu Abbildung 3.1 entsprechende Zeitintervall. Die Herleitung der oberen Intervallgrenze $IdBAZ_{\sigma(i),s} + MaxUbhg$ verläuft analog zu der von Abbildung 3.1.

Bearbeitungsendzeitpunkte

Die Bearbeitungsendzeitpunkte erhält man aus den Bearbeitungsanfangszeitpunkten durch Addition der jeweiligen Bearbeitungszeit:

$$(3.16) \qquad BEZ_{\sigma(i),s} = BAZ_{\sigma(i),s} + BZ_{\sigma(i),s} , \qquad\qquad (i = 1,\ldots,n \;;\; s = 1,\ldots,m).$$

Während bei der Berechnung der Bearbeitungsanfangszeitpunkte die Einhaltung des maximalen negativen Überhangs explizit zu beachten ist, muß bei der Berechnung der Bearbeitungsendzeitpunkte der maximale positive Überhang berücksichtigt werden. Wie bereits erwähnt, ergreifen die Fließbandarbeiter zur Einhaltung dieser Obergrenze bestimmte Maßnahmen. Deshalb lassen sich die tatsächlichen Bearbeitungsendzeitpunkte nicht nach (3.16) ermitteln. Die Vorgehensweise zur Berechnung der Bearbeitungsendzeitpunkte wird zunächst anhand der nachfolgenden Abbildung 3.2 erläutert.

Die vorangehenden Ausführungen zeigten, daß die Bearbeitungsanfangszeitpunkte aller Aufträge an allen Stationen in dem in Abbildung 3.2 mit $BAZ_{\sigma(i),s}$ gekennzeichneten Intervall liegen. Da sehr kurze Bearbeitungszeiten, evtl. sogar mit einer

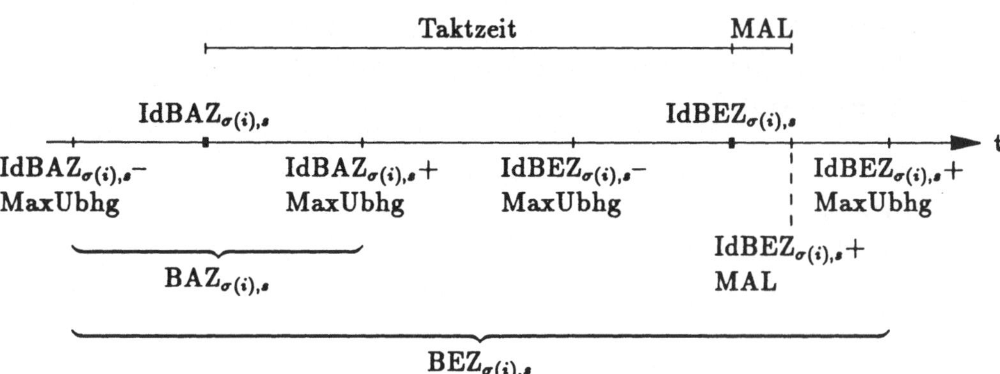

Abbildung 3.2:   Zeitliche Lage der Bearbeitungsendzeitpunkte
$(i = 1, \ldots, n \; ; \; s = 1, \ldots, m)$

Dauer von 0 Zeiteinheiten möglich sind, kann auch der jeweilige Bearbeitungsendzeitpunkt in diesem Intervall liegen. Die Untergrenze für die Bearbeitungsendzeitpunkte ist deshalb durch den maximalen negativen Überhang, d.h. durch den
Zeitpunkt $IdBAZ_{\sigma(i),s} - MaxUbhg$, bereits mit der Definition der Bearbeitungsanfangszeitpunkte festgelegt. Der maximale positive Überhang bestimmt die obere
Grenze der Bearbeitungsendzeitpunkte, die folglich in das mit $BEZ_{\sigma(i),s}$ gekenn-
zeichnete Zeitintervall fallen.

Wenn die Bearbeitung noch vor dem idealen Bearbeitungsendzeitpunkt $IdBEZ_{\sigma(i),s}$
beendet wird, sind keine Maßnahmen zur Einhaltung der oberen Grenze erforderlich. Es entsteht kein positiver Überhang, da der Auftrag vor dem Stationsende
fertiggestellt wird. Bei längeren Bearbeitungszeiten oder wenn sich der Bearbeitungsbeginn gegenüber dem idealen Bearbeitungsanfangszeitpunkt verspätet, endet
die Bearbeitung erst nach dem idealen Bearbeitungsendzeitpunkt. In diesem Fall
werden Maßnahmen ergriffen, um den hierbei entstehenden positiven Überhang zu
reduzieren. Wenn der Bearbeitungsendzeitpunkt gemäß (3.16) in dem mit MAL
bezeichneten Intervall liegt, wird unterstellt, daß durch erhöhte Arbeitsleistung das
tatsächliche Bearbeitungsende noch rechtzeitig zum Stationsende, d.h. bis zum Zeitpunkt $IdBEZ_{\sigma(i),s}$, erreicht wird. Demzufolge ist zwischen dem nach (3.16) definierten rechnerischen und dem aufgrund der getroffenen Maßnahmen tatsächlichen
Bearbeitungsende zu unterscheiden. Die Berechnung der Überhänge basiert auf
den rechnerischen Bearbeitungsendzeitpunkten. Dagegen werden für die rekursive
Ermittlung der Bearbeitungsanfangszeitpunkte die tatsächlichen Bearbeitungsendzeitpunkte verwendet. Die maximale absolute Leistungssteigerung MAL bestimmt

also, um wieviel Zeiteinheiten das rechnerische Bearbeitungsende nach dem idealen Bearbeitungsendzeitpunkt liegen kann, damit die Bearbeitung noch innerhalb der Station beendet wird.

Wenn der rechnerische Bearbeitungsendzeitpunkt den Zeitpunkt $IdBEZ_{\sigma(i),s} + MAL$ übersteigt, müssen zusätzlich Springer eingesetzt und/oder Arbeitsgänge ausgelassen werden, damit das tatsächliche Bearbeitungsende den maximalen positiven Überhang nicht überschreitet. Hierbei wird unterstellt, daß in die Folgestation "hineingearbeitet" werden muß. Das Bearbeitungsende wird also, obwohl zusätzliche Maßnahmen ergriffen werden, erst in der Folgestation erreicht, d.h. nach dem idealen Bearbeitungsendzeitpunkt. Weiter sei angenommen, daß sich das tatsächliche Bearbeitungsende gegenüber dem idealen Bearbeitungsendzeitpunkt um so mehr verspätet, je größer der rechnerische Bearbeitungsendzeitpunkt ist, wobei die durch den maximalen positiven Überhang festgelegte obere Grenze nicht überschritten werden darf. In Analogie zu den Bearbeitungsendzeitpunkten kann man auch zwischen rechnerischen und tatsächlichen (positiven) Überhängen unterscheiden. Wenn das Ende der Bearbeitung aufgrund erhöhter Arbeitsleistung noch rechtzeitig zum Stationsende erfolgt, entsteht nur ein rechnerischer Überhang. Wenn das Bearbeitungsende jedoch, wie zuvor beschrieben, erst in der Folgestation erreicht wird, entsteht auch ein tatsächlicher Überhang, der im folgenden mit $Y_{\sigma(i),s}$ bezeichnet wird.

Während (3.16) die rechnerischen Bearbeitungsendzeitpunkte definiert, sind die tatsächlichen gemäß den vorangehenden Annahmen nach der folgenden, abschnittsweise definierten Funktion (3.17) zu berechnen.

$$BEZ_{\sigma(i),s} := \begin{cases} BAZ_{\sigma(i),s} + BZ_{\sigma(i),s} & \text{falls} \\ \qquad 0 \leq \text{BAZ}_{\sigma(i),s} + \text{BZ}_{\sigma(i),s} \leq \text{IdBEZ}_{\sigma(i),s} \\[2ex] IdBEZ_{\sigma(i),s} & \text{falls} \\ \qquad \text{IdBEZ}_{\sigma(i),s} < \text{BAZ}_{\sigma(i),s} + \text{BZ}_{\sigma(i),s} \leq \text{IdBEZ}_{\sigma(i),s} + \text{MAL} \\[2ex] IdBEZ_{\sigma(i),s} + Y_{\sigma(i),s} & \text{falls} \\ \qquad \text{IdBEZ}_{\sigma(i),s} + \text{MAL} < \text{BAZ}_{\sigma(i),s} + \text{BZ}_{\sigma(i),s} \leq \text{IdBEZ}_{\sigma(i),s} + \\ \qquad\qquad\qquad\qquad\qquad\qquad\qquad \text{MaxUbhg} + \text{MAS} \end{cases}$$

(3.17) $(i = 1, \ldots, n \; ; \; s = 1, \ldots, m).$

Wenn die Bearbeitung von Auftrag $\sigma(i)$ ohne Maßnahmen innerhalb der Station s

abgeschlossen werden kann, ist der (tatsächliche) Bearbeitungsendzeitpunkt nach
der oberen Zeile der Funktion (3.17) zu ermitteln und somit mit dem rechnerischen
identisch. Die mittlere Zeile wird dann relevant, wenn das rechnerische Bearbeitungsende $(BAZ_{\sigma(i),s} + BZ_{\sigma(i),s})$ in dem in Abbildung 3.2 mit MAL bezeichneten
Intervall liegt. Das tatsächliche Bearbeitungsende erfolgt aufgrund erhöhter Arbeitsleistung noch rechtzeitig bis zum Stationsende. Als tatsächlicher Bearbeitungsendzeitpunkt wird deshalb der ideale Bearbeitungsendzeitpunkt gewählt. Liegt der
rechnerische Bearbeitungsendzeitpunkt nach dem Zeitpunkt $IdBEZ_{\sigma(i),s} + MAL$,
erfolgt die Berechnung des tatsächlichen Bearbeitungsendzeitpunktes nach der un-
teren Zeile. Die Bearbeitung des Auftrags wird erst in der Folgestation beendet; es
entsteht ein tatsächlicher positiver Überhang in Höhe von $Y_{\sigma(i),s}$ Zeiteinheiten. Wie
bereits erläutert, wird dieser positive Überhang um so größer sein, je mehr sich der
rechnerische gegenüber dem idealen Bearbeitungsendzeitpunkt verspätet. $Y_{\sigma(i),s}$ ist
deshalb als eine vom rechnerischen Bearbeitungsende abhängige, lineare Funktion
aufzufassen, deren Funktionsgleichung im folgenden ermittelt wird. Hierzu müssen
zuerst die maximalen rechnerischen Bearbeitungsendzeitpunkte abgeschätzt werden.

Für die Bearbeitungsanfangszeitpunkte gilt entsprechend (3.13)

$$(3.18) \qquad BAZ_{\sigma(i),s} \leq IdBAZ_{\sigma(i),s} + MaxUbhg, \qquad (i = 1,\ldots,n \; ; \; s = 1,\ldots,m).$$

Es wird angenommen, daß die Bearbeitungszeiten in einem um die Taktzeit symmetrischen Intervall streuen, wobei die maximale Abweichung von der Taktzeit durch
die maximale absolute bzw. prozentuale Streuung (vgl. Abschnitt 3.2.1) festgelegt ist. Die Bearbeitungszeiten können somit den Wert 0 und Werte aus dem in
Abbildung 3.3 dargestellten Intervall annehmen.

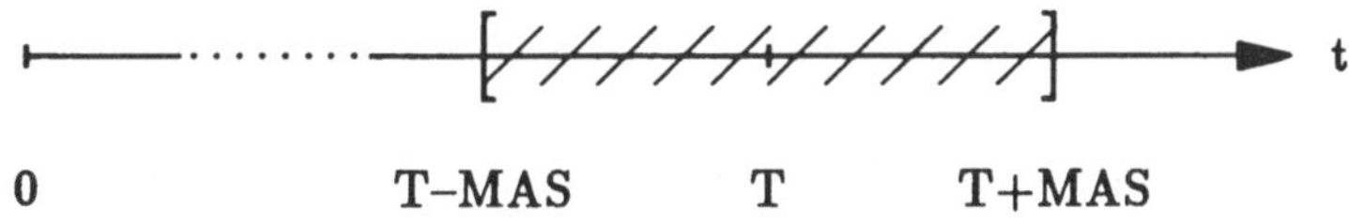

Abbildung 3.3:   Intervall der Bearbeitungszeiten

Die maximale Bearbeitungszeit beträgt demzufolge $T + MAS$ Zeiteinheiten, d.h.

$$(3.19) \qquad BZ_{\sigma(i),s} \leq T + MAS, \qquad (i = 1,\ldots,n \; ; \; s = 1,\ldots,m).$$

Mit (3.18) folgt deshalb, daß die rechnerischen Bearbeitungsendzeitpunkte

$$BAZ_{\sigma(i),s} + BZ_{\sigma(i),s} \;\leq\; IdBAZ_{\sigma(i),s} + MaxUbhg + T + MAS,$$

$$(i = 1, \ldots, n \; ; \; s = 1, \ldots, m)$$

erfüllen. Nach (3.4) gilt $IdBEZ_{\sigma(i),s} = IdBAZ_{\sigma(i),s} + T$. Deshalb ist die vorangehende Ungleichung mit

$$(3.20) \qquad BAZ_{\sigma(i),s} + BZ_{\sigma(i),s} \;\leq\; IdBEZ_{\sigma(i),s} + MaxUbhg + MAS,$$

$$(i = 1, \ldots, n \; ; \; s = 1, \ldots, m)$$

äquivalent. Damit ist der Wertebereich der Funktion $Y_{\sigma(i),s}$ definiert. Abbildung 3.4 stellt den Graph der Funktion $Y_{\sigma(i),s}$ dar.

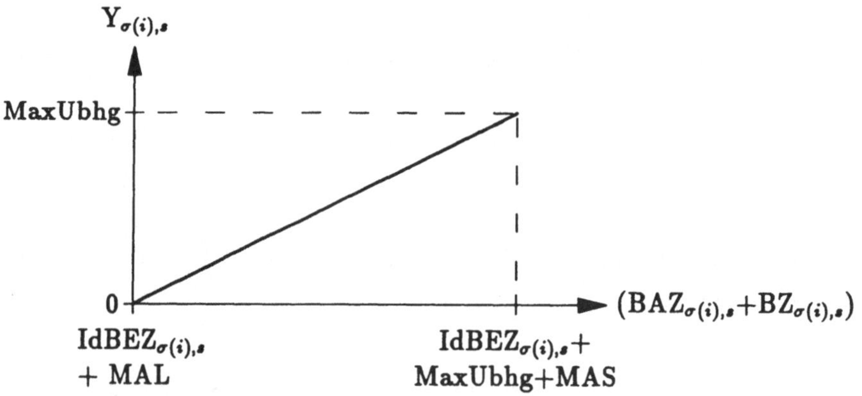

Abbildung 3.4:   Graph der Funktion $Y_{\sigma(i),s}$

Die Steigung m der Geraden aus Abbildung 3.4 erhält man wie folgt:

$$m = \frac{MaxUbhg}{(IdBEZ_{\sigma(i),s} + MaxUbhg + MAS) - (IdBEZ_{\sigma(i),s} + MAL)}$$

bzw.

$$(3.21) \qquad m = \frac{MaxUbhg}{MaxUbhg + MAS - MAL} \;.$$

Die allgemeine Funktionsgleichung einer linearen Funktion lautet $y = m\,x + b$. Die abhängige Variable x ist in dem vorliegenden Kontext durch den rechnerischen Bearbeitungsendzeitpunkt $(BAZ_{\sigma(i),s} + BZ_{\sigma(i),s})$ zu substituieren, so daß von

$$Y_{\sigma(i),s} = m\,(BAZ_{\sigma(i),s} + BZ_{\sigma(i),s}) + b_{\sigma(i),s}$$

als Funktionsgleichung der Funktion $Y_{\sigma(i),s}$ ausgegangen werden kann. Durch Einsetzen des Ursprungs der Geraden aus Abbildung 3.4 erhält man den Achsenabschnitt

$$(3.22) \qquad b_{\sigma(i),s} = -\,\frac{MaxUbhg}{MaxUbhg + MAS - MAL}\,(IdBEZ_{\sigma(i),s} + MAL)$$

und dadurch die gesuchte Funktionsgleichung

$$Y_{\sigma(i),s} = \frac{MaxUbhg}{MaxUbhg + MAS - MAL}\Big((BAZ_{\sigma(i),s} + BZ_{\sigma(i),s}) - IdBEZ_{\sigma(i),s} - MAL\Big),$$

$$(3.23) \qquad (i = 1,\ldots,n\;;\; s = 1,\ldots,m).$$

Damit ist die mathematische Formulierung der Zeitrechnung, d.h. die Berechnung der Bearbeitungsanfangs- und -endzeitpunkte aller Aufträge an allen Stationen vollständig beschrieben.

3.2.3 Mathematische Formulierung der Bewertungskriterien

Der vorangehende Abschnitt machte deutlich, daß die Reihenfolgen mit der Summe der rechnerischen positiven Überhänge zu bewerten sind. In die Bewertung gehen somit nicht die tatsächlich entstehenden, sondern die aufgrund der rechnerischen Bearbeitungsendzeitpunkte ermittelten Überhänge ein. In Abschnitt 2.3.4 wurde gezeigt, daß die Gleichmäßigkeit der Auslastung durch die positiven Überhänge und die Leerzeiten beschrieben wird. Negative Überhänge bleiben deshalb unberücksichtigt. Den rechnerischen positiven Überhang von Auftrag $\sigma(i)$ an Station s erhält man aus der Differenz des entsprechenden rechnerischen und idealen Bearbeitungsendzeitpunktes:

$$(3.24) \qquad Ubhg_{\sigma(i),s} := max\{\, 0 \; ; \; BAZ_{\sigma(i),s} + BZ_{\sigma(i),s} - IdBEZ_{\sigma(i),s} \,\},$$

$$(i = 1,\ldots,n \; ; \; s = 1,\ldots,m).$$

Als Bewertungskriterium wird schließlich die Summe aller (rechnerischen) positiven Überhänge verwendet:

$$(3.25) \qquad Ubhg := \sum_{i=1}^{n} \sum_{s=1}^{m} Ubhg_{\sigma(i),s} \,.$$

Neben der Überhangssumme ist auch die Summe aller Leerzeiten als Bewertungskriterium zur Beurteilung der Gleichmäßigkeit der Auslastung aller Stationen heranzuziehen. Die Leerzeit an Station s, die zwischen den aufeinanderfolgenden Aufträgen $\sigma(i)$ und $\sigma(i-1)$ entsteht, ist mit

$$(3.26) \qquad LZ_{\sigma(i),s} := BAZ_{\sigma(i),s} - BEZ_{\sigma(i-1),s} \,, \qquad\qquad (i = 2,\ldots,n \; ; \; s = 1,\ldots,m)$$

gegeben. Die Leerzeiten, die zwischen Auftrag $\sigma(1)$ und dem letzten Auftrag der vorangehenden Auftragsfolge entstehen können, bleiben unberücksichtigt. Als Bewertungskriterium wird auch hier die Summe aller Leerzeiten an allen Stationen verwendet:

$$(3.27) \qquad LZ := \sum_{i=2}^{n} \sum_{s=1}^{m} LZ_{\sigma(i),s} \,.$$

Damit sind die in Abschnitt 2.3.4 festgelegten Kriterien zur Bewertung einzelner Auftragsfolgen definiert. Die Wartezeiten sind als Bewertungskriterium nicht geeignet, da nur ein indirekter Bezug zur Gleichmäßigkeit der Auslastung der Stationen besteht (vgl. Abschnitt 2.3.4). In Kapitel 4 wird dieser Sachverhalt mit Simulation untersucht und bestätigt. Hierzu muß zunächst die Berechnung der Wartezeiten formalisiert werden. Zwischen den Stationen s und $s+1$ entsteht für Auftrag $\sigma(i)$ die Wartezeit

$$(3.28) \qquad WZ_{\sigma(i),s} := BAZ_{\sigma(i),s+1} - BEZ_{\sigma(i),s}, \qquad (i = 1,\ldots,n\ ;\ s = 1,\ldots,m-1).$$

Von Interesse ist die Summe aller Wartezeiten:

$$(3.29) \qquad WZ := \sum_{i=1}^{n} \sum_{s=1}^{m-1} WZ_{\sigma(i),s}\,.$$

3.2.4 Diskussion der Bewertungsmethode

Mit der Summe der Überhänge und der Leerzeiten wurden zwei Kriterien zur Bewertung der Gleichmäßigkeit der Auslastung gefunden. Beide Kriterien setzen eine detaillierte Zeitrechnung voraus, um die Reihenfolgen in numerischen Größen bewerten zu können. Die Zeitrechnung ist dabei von der speziellen Ausgestaltung und der Organisation des jeweils betrachteten Fließbandes abhängig. Eine allgemeingültige Zeitrechnung gibt es daher nicht. Die Zeitrechnung des vorangehenden Abschnitts bezieht sich auch nur auf eine ganz bestimmte, durch die Modellannahmen genau definierte Konstellation und Organisation des Fließbandes. Für einen konkreten Anwendungsfall müßten einige Modellannahmen modifiziert, gestrichen oder ergänzt werden. Darüber hinaus kann die Bearbeitung der Aufträge durch die Fließbandarbeiter nicht so genau formalisiert und im voraus ermittelt werden, daß die berechneten Bearbeitungsanfangs- und -endzeitpunkte mit den realen auf die Sekunde genau übereinstimmen. Für die Feinterminplanung ist die sekundengenaue Planung wohl kaum möglich, aber auch nicht erforderlich. Bei realen Anwendungen kann es durchaus nützlich sein, eine Zeitrechnung zu ermitteln, aus der ersichtlich wird, in welcher konkreten Taktzeit die einzelnen Aufträge an den Stationen bearbeitet werden. Für eine derartige Zeitrechnung sind jedoch schon die idealen Bearbeitungsanfangszeitpunkte ausreichend; die Überhänge können hierbei in der Regel vernachlässigt werden. Die Aufgabe der Reihenfolgeplanung besteht ohnehin nur darin, die Reihenfolge zu ermitteln, in der die Aufträge auf das Fließband genommen werden sollen. Daher stellt sich die Frage, weshalb eine exakte Zeitrechnung für den vorliegenden Kontext bedeutsam ist. Neben der Beschreibung und Implementierung eines Optimierungsverfahrens soll auch die Qualität und der Wirkungsgrad dieses Verfahrens analysiert werden. Hierzu sind zufällige, also nicht optimierte Auftragsfolgen mit optimierten zu vergleichen. Nur so läßt sich die durch die Optimierung erhaltene Verbesserung hinsichtlich der Gleichmäßigkeit der Auslastung zumindest der Größenordnung nach erkennen. Dieser Vergleich ist nur dann möglich, wenn die Summe der Überhänge und Leerzeiten sowohl für zufällige als auch für optimierte Reihenfolgen berechnet werden kann. Ferner soll untersucht werden, ob die konkrete Fließbandkonfiguration die Qualität oder den Wirkungsgrad des Verfahrens beeinflußt. Auch hierzu werden im vierten Kapitel mit Hilfe von Simulation zufällige und optimierte Reihenfolgen bei variierenden Fließbandparametern miteinander verglichen. Für solche Simulationen ist die zuvor erläuterte Zeitrechnung völlig ausreichend, obwohl sie den tatsächlichen Verlauf der Bearbeitung nur approximativ beschreibt.

Wie bereits erwähnt, bezieht sich die Zeitrechnung aufgrund der detaillierten Modellannahmen auf eine ganz bestimmte Organisation des Arbeitsablaufes. Bei real existierenden Fließbändern wird sich diese Organisation von der hier modellierten unterscheiden. Deshalb unterscheiden sich auch die Simulationsergebnisse von solchen, die man erhalten würde, wenn der gesamte Arbeitsablauf durch genaue Zeitmessungen erfaßt wird. Die Modellannahmen wurden einerseits so gewählt, daß eine exakte Zeitrechnung überhaupt möglich ist. Andererseits beschreiben sie aber auch realistische Gegebenheiten, die bei Fließbandfertigung relevant sind oder zumindest relevant sein können. Dies rechtfertigt die Überlegung, daß die durch die Analyse in Kapitel 4 erhaltenen grundlegenden Aussagen und Zusammenhänge auf reale Anwendungen übertragbar sind. Wenn bei einem Fließband beispielsweise die maximalen Überhänge nicht an allen Stationen identisch sind, wie dies hier für die Zeitrechnung angenommen wurde, dann wird sich die durch die Optimierung erhaltene Verringerung der Überhangssumme der genauen Höhe nach von dem im Modell erhaltenen Wert unterscheiden. Untersucht man aber den prinzipiellen Einfluß der Anzahl der Aufträge auf die durchschnittlich erzielbaren Verbesserungen, so zeigen die Simulationsergebnisse, daß mit der Auftragszahl auch die durchschnittlichen prozentualen Verbesserungen ansteigen. Bei realen Fließbändern wird man wohl kaum einen anderen Zusammenhang feststellen. Diese Überlegungen zeigen, daß die in Abschnitt 3.2.2 modellierte Zeitrechnung für die Analyse des Optimierungsverfahrens und des hierzu erforderlichen Vergleichs von zufälligen mit optimierten Reihenfolgen ausreichend ist.

3.3　Beschreibung eines heuristischen Optimierungsverfahrens

Nachdem in den vorangehenden Abschnitten ausschließlich die Bewertung behandelt wurde, geht es im weiteren um die Ermittlung der optimalen oder, wie sich zeigen wird, einer heuristisch optimierten Reihenfolge. Gesucht ist die Auftragsfolge mit minimaler Summe an positiven Überhängen, wobei die Modellannahmen aus Abschnitt 3.1 das Optimierungsproblem determinieren. Es ist klar, daß das Verfahren für beliebige Fließbandkonfigurationen, d.h. für alle (sinnvollen) Werte des 6–Tupels $(n, m, T, MaxUbhg, MPL, BZ)$ (vgl. Abschnitt 3.2.1) anwendbar sein soll.

Das denkbar einfachste Verfahren, die vollständige Enumeration, bewertet alle möglichen Reihenfolgen, um dann diejenige mit der minimalen Überhangssumme auszuwählen. Demzufolge ist für jede der $n!$ Permutationen der n Aufträge die komplette Zeitrechnung durchzuführen. Bereits bei einer geringen Anzahl von Aufträgen und Stationen würde ein Computer für die Ermittlung der optimalen Reihenfolge mehrere Stunden benötigen. Auch die Ansätze, die auf linear–ganzzahliger oder dynamischer Programmierung basieren, scheitern an der Komplexität der Reihenfolgeplanung genauso wie Branch–and–Bound– und graphenorientierte Algorithmen. Neben der sehr großen Zahl an zulässigen Permutationen würde die rekursiv zu ermittelnde Zeitrechnung bei solchen exakten Verfahren zusätzliche Probleme bereiten und den Berechnungsaufwand beträchtlich erhöhen. Deshalb kommt zur Minimierung der Überhangssumme nur ein heuristisches Verfahren in Frage. Heuristiken zeichnen sich dadurch aus, daß nicht die optimale, sondern i.a. nur eine suboptimale Lösung ermittelt wird. Dafür besitzen sie gegenüber den exakten Verfahren, die in jedem Fall die optimale Lösung garantieren, den Vorteil, daß der Berechnungsaufwand erheblich geringer ist. Der folgende Abschnitt beschreibt für das vorliegende Optimierungsproblem eine Heuristik, die das Reihenfolgeproblem als Traveling–Salesman–Problem interpretiert (vgl. DECKER 1989, Seite 47 ff).

3.3.1 Darstellung des Reihenfolgeproblems als Traveling–Salesman–Problem

Die allgemeine Aufgabenstellung beim Traveling–Salesman–Problem (Problem des Handlungsreisenden) besteht darin, die kürzeste Rundreise von einem Startpunkt aus über eine vorgegebene Anzahl von Orten zum Startpunkt zurück zu ermitteln, wobei jeder Ort genau einmal zu besuchen ist. Dieses Problem läßt sich bekanntlich als binär–lineares Programm formulieren. Die Entscheidungsvariablen werden hierzu wie folgt definiert:

$$(3.30) \qquad x_{ij} = \begin{cases} 1 & \text{falls Ort } j \text{ direkt nach Ort } i \text{ besucht wird} \\ 0 & \text{sonst} \end{cases} \qquad (i, j = 1, \ldots, n).$$

Weiter bezeichnet d_{ij} die Entfernung oder **Distanz** zwischen Ort i und Ort j ($i, j = 1, \ldots, n$). Die Aufgabe besteht darin, die Summe der Distanzen zu minimieren. Die Zielfunktion ist deshalb durch

$$(3.31) \qquad \sum_{i=1}^{n} \sum_{j=1}^{n} d_{ij}\, x_{ij} \rightarrow Min$$

gegeben, wobei die folgenden Nebenbedingungen zu beachten sind. Für die binären Entscheidungsvariablen x_{ij} gilt

$$(3.32) \qquad x_{ij} \in \{0, 1\}, \qquad\qquad (i, j = 1, \ldots, n).$$

Um zu verhindern, daß ein Ort in der Rundreise auf sich selbst folgt, setzt man

$$(3.33) \qquad d_{ii} = \infty, \qquad\qquad (i = 1, \ldots, n).$$

Damit die Rundreise von jedem Ort zu genau einem anderen führt, muß

$$(3.34) \qquad \sum_{i=1}^{n} x_{ij} = 1, \qquad\qquad (j = 1, \ldots, n)$$

und

$$(3.35) \qquad \sum_{j=1}^{n} x_{ij} = 1, \qquad\qquad (i = 1, \ldots, n)$$

erfüllt sein. Ein *Kurzzyklus* ist eine Tour, in der nur ein Teil der n Orte besucht wird. Gemäß der Aufgabenstellung sucht man jedoch eine Rundreise, die alle Orte enthält. Um Kurzzyklen auszuschließen, fordert man

$$(3.36) \qquad \sum_{i \in S} \sum_{j \in S} x_{ij} \leq |S| - 1 \qquad \forall\, S \subset N \; ; \; S \neq \emptyset \; ; \; S \neq N \; ; \; N = \{1, \ldots, n\},$$

wobei $|S|$ die Mächtigkeit der Teilmengen S bezeichnet.

Um die Reihenfolgeplanung auf das zuvor definierte Optimierungsproblem abzubilden, sind die Aufträge mit den "Orten" zu assoziieren. Beim Traveling–Salesman–Problem wird eine *geschlossene* Rundreise gesucht, d.h. Start- und Zielort sind identisch. Eine geschlossene Auftragsfolge kann es nicht geben, da nach dem letzten

Auftrag der erste der nächsten Reihenfolge zu bearbeiten ist. Deshalb verwendet man einen zusätzlichen, fiktiven Auftrag, der die Funktion des Start- und Zielortes übernimmt. Dieser fiktive Auftrag besitzt zu allen anderen Aufträgen eine Distanz von 0.

Die Distanzen d_{ij} zwischen den Orten i und j werden jeweils durch die Summe der Überhänge definiert, die entsteht, wenn Auftrag i unmittelbar vor Auftrag j auf das Fließband genommen wird. Hierbei ergibt sich das Problem, daß die Summe der Überhänge nicht nur von den Aufträgen i und j, sondern auch von allen vorangehenden Aufträgen abhängt. Da die Zeitrechnung rekursiv durchzuführen ist, beeinflussen diese Aufträge den Bearbeitungsanfangs- und -endzeitpunkt von Auftrag i und deshalb die Überhänge, die sich aus dem Aufeinanderfolgen der Aufträge i und j ergeben. Aus diesem Grund existieren für das Reihenfolgeproblem keine exakten Distanzfunktionen. Die Reihenfolgeoptimierung ist deshalb mit Hilfe des Traveling–Salesman–Problems nur heuristisch lösbar. Hierzu sind Distanzfunktionen zu verwenden, die das Aufeinanderfolgen zweier Aufträge hinsichtlich der Überhangssumme möglichst gut bewerten. Es gibt mehrere plausible Möglichkeiten, solche "Ersatzdistanzfunktionen" zu definieren. Sinnvoll erscheint es, diese Funktionen in Abhängigkeit der Bearbeitungszeiten von zwei Aufträgen zu formulieren, da die Überhänge von den Bearbeitungsanfangs- und -endzeitpunkten und die wiederum von den Bearbeitungszeiten beeinflußt werden. Zwei Aufträge sollten dann an einer Station aufeinanderfolgen, wenn nach der Bearbeitung des zweiten Auftrags kein positiver Überhang entsteht, der den Bearbeitungsbeginn des nächsten Auftrags verzögert. Außerdem sollte das Aufeinanderfolgen zweier Aufträge keine Leerzeiten verursachen. Deshalb erscheint es vorteilhaft, die Aufträge i und j nacheinander zu bearbeiten, wenn die Summe ihrer Bearbeitungszeiten, wie in Abbildung 3.5 dargestellt, an allen Stationen mit der doppelten Taktzeit übereinstimmt.

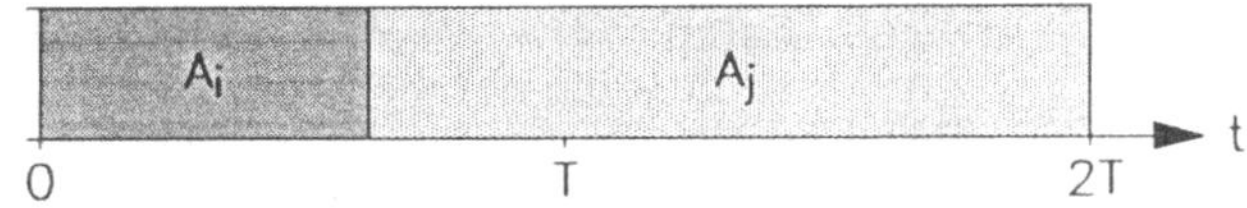

Abbildung 3.5:   Aufträge mit "passenden" Bearbeitungszeiten

Gemäß der vorangehenden Überlegung wird das direkte Aufeinanderfolgen der Aufträge i und j um so unvorteilhafter, je mehr die Summe ihrer Bearbeitungszeiten von der doppelten Taktzeit abweicht. Da man bei der Lösung des Traveling–Salesman–Problems die Summe der Distanzen minimiert, werden in der optimalen

Reihenfolge bevorzugt Aufträge mit entsprechend kleinen Distanzwerten direkt aufeinanderfolgen. Deshalb sollte der Distanzwert d_{ij} um so größer sein, je mehr die Summe der Bearbeitungszeiten der Aufträge i und j von der zweifachen Taktzeit abweicht. Diese Überlegung führt z.B. auf folgende mathematische Formulierung der Distanzfunktion:

$$(3.37) \qquad d_{ij} = \sum_{s=1}^{m} \mid BZ_{i,s} + BZ_{j,s} - 2\,T \mid, \qquad\qquad (i,j = 1,\ldots,n\,;\ i \neq j).$$

Entsprechend (3.33) setzt man immer

$$(3.38) \qquad d_{ii} = \infty, \qquad\qquad (i = 1,\ldots,n).$$

Diese Distanzfunktion bewertet negative und positive Abweichungen von der doppelten Taktzeit in gleicher Weise, da sie die Abweichungen an allen Stationen betragsmäßig aufsummiert. Während die positiven Abweichungen die Entstehung positiver Überhänge ermöglichen, können die negativen Abweichungen Leerzeiten verursachen. In Abschnitt 2.3.4 wurde gezeigt, daß die Optimierung der Auftragsfolge die Auslastung der Stationen glättet, wenn man die positiven Überhänge unter Ausnutzung von Leerzeiten durch negative Überhänge reduziert. Die Minimierung der Summe der Distanzen nach (3.37) bewirkt eine solche Glättung der Auslastung, da mit der Distanzsumme gleichzeitig die positiven Überhänge und die Leerzeiten minimiert werden.

Positive Überhänge lassen sich nur durch Ausnutzung von Leerzeiten reduzieren. Deshalb ist zu erwarten, daß eine Minimierung der positiven Überhänge auch die Leerzeiten minimiert. In bezug auf die obige Distanzfunktion bedeutet dies, daß nur noch die positiven Abweichungen der Summe der Bearbeitungszeiten von der doppelten Taktzeit die jeweiligen Distanzwerte erhöhen sollten. Diese Überlegung führt auf die Distanzfunktion

$$(3.39) \qquad d_{ij} = \sum_{s=1}^{m} max\,\{\,0\,;\ BZ_{i,s} + BZ_{j,s} - 2\,T\,\}, \qquad\qquad (i,j = 1,\ldots,n\,;\ i \neq j).$$

Die beiden zuvor definierten Distanzfunktionen wurden anhand zahlreicher Fließbandkonfigurationen mit Simulation verglichen. Die gegenüber den zufälligen Reihenfolgen erzielten prozentualen durchschnittlichen Verbesserungen waren bei beiden Distanzfunktionen nahezu identisch. Die Abweichungen lagen deutlich unter

1 %, womit die Überlegung bestätigt wurde, daß mit den positiven Überhängen gleichzeitig die Leerzeiten minimiert werden.

Neben den beiden zuvor beschriebenen sind weitere Distanzfunktionen denkbar. Beispielsweise gewichtet die Distanzfunktion

$$(3.40) \qquad d_{ij} = \sum_{s=1}^{m} (BZ_{i,s} + BZ_{j,s} - 2\,T)^2, \qquad\qquad (i,\,j = 1,\dots,n\,;\, i \neq j)$$

große Abweichungen der Summe der Bearbeitungszeiten von der doppelten Taktzeit wesentlich stärker als geringe. Der Distanzfunktion

$$(3.41) \qquad d_{ij} = \sum_{s=1}^{m} max\,\{\,0\,;\, BZ_{i,s} + BZ_{j,s} - 2\,T\,\} \cdot (m + 1 - s),$$

$$(i,\,j = 1,\dots,n\,;\, i \neq j)$$

liegt die Überlegung zugrunde, daß positive Überhänge am Anfang des Fließbandes stärker zu gewichten sind als solche, die erst an den hinteren Stationen entstehen. Da der Distanzfunktion bei der Abbildung des Reihenfolgeproblems auf das Traveling–Salesman–Problem eine zentrale Bedeutung zukommt, wurden weitere Distanzfunktionen mit (3.37) und (3.39) verglichen. Einige erzielten hierbei ähnlich gute Ergebnisse; eine Verbesserung gegenüber diesen beiden Distanzfunktionen wurde jedoch in keinem Fall erreicht.

Für das Optimierungsverfahren wurde schließlich die Distanz nach (3.37) gewählt, da bei dieser Funktion die Lösung des Traveling–Salesman–Problems gegenüber (3.39) etwas schneller berechnet wird. Für das im folgenden Abschnitt beschriebene Verfahren zur Lösung des Traveling–Salesman–Problems ist es günstiger, wenn die Distanzwerte in einem kleineren Intervall streuen und keine Distanzen mit Wert 0 auftreten. Die nach (3.37) berechneten Distanzwerte genügen i.a. eher diesen Forderungen.

Mit der Wahl der Distanzfunktion ist die Reihenfolgeoptimierung als Traveling–Salesman–Problem formuliert. Eine optimierte Auftragsfolge kann deshalb durch Lösung des Problems (3.30 – 3.36) in Verbindung mit der Distanzfunktion (3.37) berechnet werden. Hierzu stehen exakte Algorithmen zur Verfügung. Da wegen (3.36) in Abhängigkeit der Anzahl der Aufträge exponentiell viele Nebenbedingungen zu

beachten sind, steigt auch der Berechnungsaufwand exponentiell mit der Auftragszahl an. Deshalb kommt auch zur Lösung des Traveling–Salesman–Problems für
reale Problemstellungen nur ein heuristisches Verfahren in Frage.

3.3.2 Heuristiken zur Lösung des Traveling–Salesman–Problems

Zur Lösung des Traveling–Salesman–Problems wurden bereits zahlreiche Heuristiken entwickelt und miteinander verglichen. Es sei hier nur auf LAWLER/ LEN-
STRA/ RINNOY KAN/ SHMOYS 1984 und die dort genannten Quellen verwiesen.
Die Literatur beurteilt die Verfahren vor allem hinsichtlich ihrer Qualität und Ef-
fektivität. Die Bewertung orientiert sich also daran, wie weit die Lösungen im
Durchschnitt und im Einzelfall vom Optimum abweichen und wie hoch der Berechnungsaufwand und somit die Laufzeit der Algorithmen ist. Wenn man darüber
hinaus den erforderlichen Implementierungsaufwand und Speicherplatzbedarf sowie
die Komplexität der Verfahren selbst betrachtet, erscheint das **2–Opt–Verfahren**
für den vorliegenden Kontext besonders geeignet. Diese Heuristik berechnet sehr
gute Lösungen innerhalb kurzer Laufzeiten. Der Implementierungsaufwand ist minimal. Lediglich der Speicherplatzbedarf für die n^2 Distanzwerte kann bei zu vielen
Aufträgen einen Engpaß verursachen. Personal Computer verfügen inzwischen stan-
dardmäßig über eine Hauptspeichergröße von 640 Kilobyte. Damit ist es möglich,
die Distanzwerte von nahezu 300 Aufträgen im Hauptspeicher zu halten. Bei noch
größerer Auftragszahl kann das Speicherplatzproblem durch Hauptspeichererweite-
rungen gelöst werden, so daß bereits auf einem Personal Computer die Reihenfolgeoptimierung für eine beachtliche Zahl an Aufträgen realisierbar ist.

Zur Erläuterung der Arbeitsweise des 2–Opt–Verfahrens wird die Reihenfolge, wie
in den beiden folgenden Abbildungen, als zyklischer, gerichteter Graph dargestellt,
wobei die Knoten des Graphen die Aufträge veranschaulichen. Eine Kante $<i,j>$
von Knoten i nach Knoten j bedeutet, daß Auftrag i unmittelbar vor Auftrag j zu
bearbeiten, d.h. auf das Fließband zu legen ist. Das 2–Opt–Verfahren arbeitet nach
der folgenden iterativen Vorgehensweise. Ausgehend von einer beliebigen Reihenfolge wird versucht, zwei Kanten durch zwei im Graphen noch nicht existierende zu
ersetzen, so daß sich dadurch die Summe der Distanzen verringert. Die Iteration
beginnt von neuem auf Grundlage der verbesserten Reihenfolge. Das Verfahren endet, wenn alle Möglichkeiten, zwei Kanten durch zwei neue zu ersetzen, überprüft

wurden, ohne daß eine kleinere Distanzsumme gefunden werden konnte. Man erhält somit eine *2–optimale* Reihenfolge.

Die Abbildungen 3.6a und 3.6b verdeutlichen die Ersetzung zweier Kanten. Ausgehend von der Permutation $(1, \ldots, n)$ der n Aufträge in der linken Abbildung überprüft man der Reihe nach alle möglichen Kantenersetzungen. Die Kanten $< i, i+1 >$ und $< j, j+1 >$ werden durch die neuen Kanten $< i, j >$ und $< i+1, j+1 >$ ersetzt, wenn die Summe der Distanzen der neuen niedriger als die der bereits existierenden Kanten ist, d.h. wenn $d_{ij} + d_{i+1,j+1} < d_{i,i+1} + d_{j,j+1}$. In diesem Fall werden die Kanten so ersetzt, daß sich die Permutation $(1, \ldots, i, j, j-1, \ldots, i+1, j+1, \ldots, n)$ ergibt, die in Abbildung 3.6b abgebildet ist.

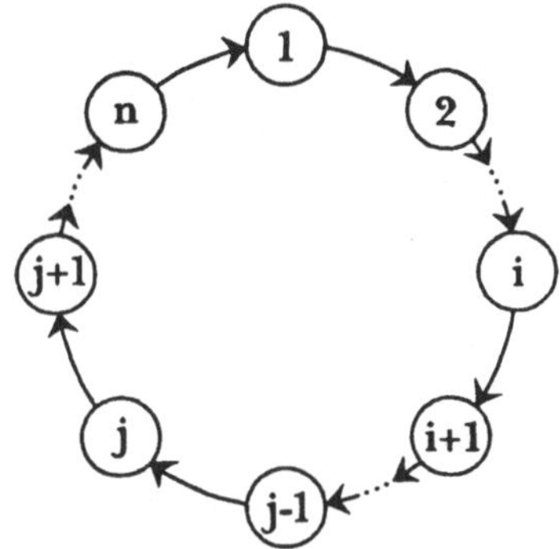

Abbildung 3.6a: Startreihenfolge

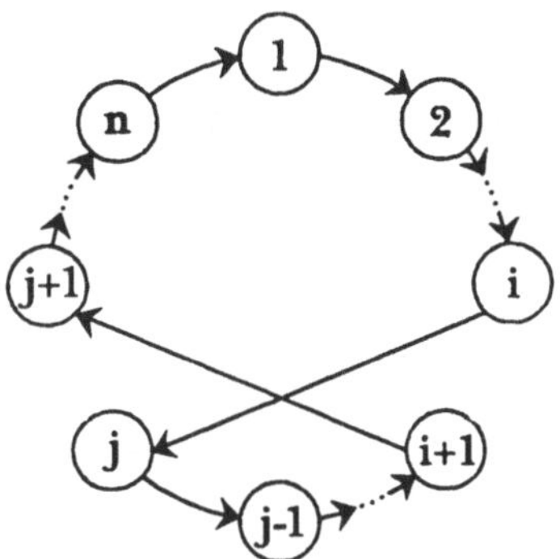

Abbildung 3.6b: Reihenfolge nach Kantenersetzung

Man erkennt an Abbildung 3.6b, daß die Kanten zwischen den Knoten $i+1, \ldots, j$ in die gegenüber Abbildung 3.6a umgekehrte Richtung zeigen. Die entsprechenden Aufträge sind deshalb nicht mehr in der Permutation $(i+1, i+2, \ldots, j-1, j)$, sondern in der entgegengesetzten Reihenfolge $(j, j-1, \ldots, i+2, i+1)$ zu bearbeiten. Es zeigt sich, daß in den zuvor genannten Teilpermutationen je zwei aufeinanderfolgende Aufträge in der umgekehrten Reihenfolge auftreten. Diese Vorgehensweise ist nur bei **symmetrischen** Distanzen möglich, d.h. wenn

$$(3.42) \qquad d_{ij} = d_{ji} , \qquad\qquad (i, j = 1, \ldots, n)$$

erfüllt ist. In diesem Fall wird die Summe der Distanzen nicht verändert, wenn die Aufträge $j-1$ und j nicht wie in Abbildung 3.6a, sondern in der umgekehrten Reihenfolge, wie in Abbildung 3.6b dargestellt, bearbeitet werden. Das gleiche trifft dann für die Auftragspaare $(i+1, i+2), \ldots, (j-2, j-1)$ zu. Die Distanzsumme wird folglich nur dadurch verringert, daß die Kanten $<i, i+1>$ und $<j, j+1>$ durch zwei neue ersetzt werden. Die Distanzfunktion (3.37), die das Reihenfolgeproblem auf das Traveling–Salesman–Problem abbildet, berechnet symmetrische Distanzen, da die Distanzwerte nur von den Bearbeitungszeiten zweier Aufträge abhängen. Die Reihenfolge, in der zwei Aufträge zu bearbeiten sind, bleibt unberücksichtigt. Aufgrund der symmetrischen Distanzfunktion ist das 2–Opt–Verfahren zur Lösung des Traveling–Salesman–Problems in dem vorliegenden Kontext verwendbar.

Die Vorgehensweise des 2–Opt–Verfahrens läßt sich dadurch verallgemeinern, daß nicht nur 2, sondern r $(r \geq 2)$ Kanten durch r günstigere ausgetauscht werden. Diese Heuristiken bezeichnet man als r–Opt–Verfahren. "Ein r–**optimales Verfahren ist ein Vertauschungsverfahren**, bei dem in jeder Iteration versucht wird, die aktuelle Rundreise σ durch Austausch von r Kanten gegen r andere Kanten zu verbessern. Dabei müssen die Menge der aus σ zu entfernenden und die Menge der dafür aufzunehmenden Kanten nicht disjunkt sein" (aus DOMSCHKE 1982, Seite 98). Eine Reihenfolge ist r–optimal, wenn die Distanzsumme nicht durch den Austausch von r Kanten durch r andere verringert werden kann. Da eine r–optimale Lösung gleichzeitig auch $(r-1)$–optimal ist, werden die ermittelten Reihenfolgen mit größerem r zunehmend besser. Bei n Aufträgen berechnet das n–Opt–Verfahren immer die optimale Lösung. Mit steigendem r wächst aber der Berechnungsaufwand sehr stark an. Ein r–Opt–Verfahren besitzt nämlich mindestens die Komplexität n^r. Während das auf einem Personal Computer implementierte 2–Opt–Verfahren die Lösung für 100 Aufträge in ca. 10 Sekunden berechnet, benötigt das 3–Opt–Verfahren hierfür bereits mehrere Minuten und das 4–Opt–Verfahren mehrere Stunden. Die Verbesserungen hinsichtlich der Gesamtdistanz werden jedoch mit steigendem r beim Übergang von einem r– zu einem $(r+1)$–optimalen Verfahren immer geringer. Da die nach (3.37) ermittelten Distanzen in einem relativ kleinen Intervall streuen, ermittelt bereits das 2–Opt–Verfahren sehr gute Lösungen. In zahlreichen Tests mit Zufallszahlen waren die 3–optimalen Lösungen gewöhnlich nur weniger als 3 % besser als die 2–optimalen. Nur wenn die Distanzwerte in einem großen Intervall, z.B. zwischen 0 und 100000, streuen, wird der erhöhte Berechnungsaufwand des 3–Opt–Verfahrens mit einer Verbesserung der Gesamtdistanz um ca. 10 bis 15 % belohnt. Wegen der erheblich kürzeren Laufzeit empfiehlt sich deshalb für die vorliegende Anwendung das 2–Opt–Verfahren. Eine algorithmische Beschreibung dieses Verfahrens findet man z.B. in DOMSCHKE 1982, Seite 100.

Kapitel 4

Analyse des Optimierungsverfahrens

4.1   Motivation und Vorgehensweise

Die nachfolgende Abbildung 4.1 vergleicht die Vorgehensweise des heuristischen Verfahrens zur Minimierung der Überhangssumme mit der Vorgehensweise, die ein exakter Algorithmus ermöglichen würde. Grundlage des Optimierungsproblems ist das durch die Modellannahmen, die Fließbandkonfiguration, die Bewertungskriterien und durch die Zielfunktion festgelegte sogenannte Realmodell (siehe Kapitel 6). Die Menge der möglichen und zugleich zulässigen Lösungen besteht aus allen $n!$ Permutationen der n Aufträge.

Bei der direkten oder exakten Methode werden zunächst alle Permutationen mit der jeweiligen Überhangssumme bewertet, um dann mit Hilfe des exakten Algorithmus die Reihenfolge mit minimalem positiven Überhang zu ermitteln (siehe Abbildung 4.1). Dagegen bildet das in den beiden vorangehenden Abschnitten beschriebene heuristische Verfahren das Realmodell zuerst auf das Traveling–Salesman–Problem ab, indem es die $n!$ Permutationen mit der Distanzfunktion (3.37) bewertet. Aus den mit Distanzen bewerteten Permutationen wird durch Anwendung des 2–Opt–Verfahrens eine Reihenfolge mit minimierter Distanzsumme ermittelt. Die so erhaltene Reihenfolge stellt gleichzeitig eine heuristische Lösung des Realmodells dar. Abschließend kann man diese Lösung mit der Summe der positiven Überhänge bewerten, um sie mit zufälligen Auftragsfolgen zu vergleichen. Im Hinblick auf die Optimierung selbst ist diese Bewertung der heuristischen Lösung jedoch bedeutungslos.

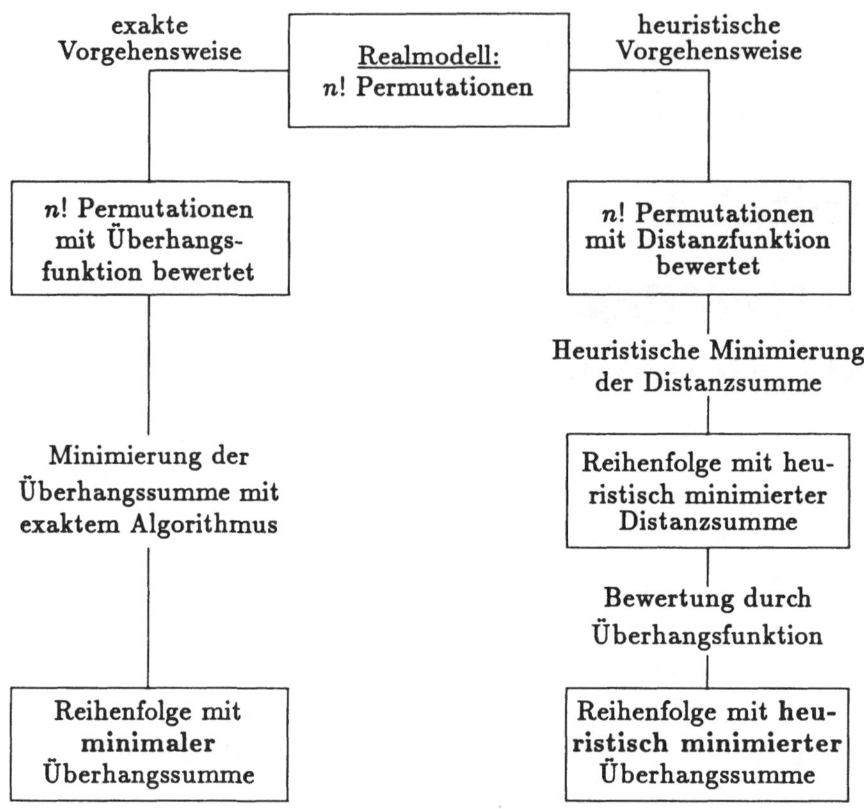

Abbildung 4.1:   Vergleich der exakten mit der heuristischen Optimierung

In Verbindung mit Heuristiken stellt sich immer die Frage, wie gut die ermittelten heuristischen Lösungen im Vergleich zu den jeweils optimalen sind; man interessiert sich also für die **Qualität** einer Heuristik. Darüber hinaus ist der **Wirkungsgrad** von Bedeutung, d.h. die Größenordnung der Verbesserung gegenüber zufälligen, nicht optimierten Lösungen. Zur Beurteilung von Qualität und Wirkungsgrad der Heuristik des vorangehenden Kapitels werden in den folgenden beiden Abschnitten zufällige und heuristisch optimierte Reihenfolgen anhand verschiedener Fließband-konfigurationen bewertet und miteinander verglichen. Die Fließbandkonfiguratio-nen sind hierbei durch konkrete Werte des 6–Tupels $(n, m, T, MaxUbhg, MPL, BZ)$ vor den Simulationen festzulegen. Während die Parameter $n, m, T, MaxUbhg$ und MPL durch je einen Wert definiert werden, beschreibt der Parameter BZ die $n \cdot m$ Bearbeitungszeiten der n Aufträge an den m Stationen. Die Beschaffenheit und Zusammensetzung der Bearbeitungszeiten wird in der Realität durch mehrere Faktoren beeinflußt. Um diesen Faktoren bei der Simulation Rechnung zu tragen, ermittelt ein Zufallsgenerator die Bearbeitungszeiten, wobei deren Beschaffenheit durch folgende Parameter variierbar ist. Durch die maximale absolute Streuung MAS (vgl. Abschnitt 3.2.1) kann die maximale Abweichung der Bearbeitungszeiten von der jeweiligen Taktzeit verändert werden. Der Zufallsgenerator erzeugt **gleichmäßig streuende** oder **gleichförmige** Bearbeitungszeiten. Bei gleichförmigen Bearbeitungszeiten generiert der Zufallsgenerator zu jeweils gleicher Anzahl kleine, kleine mittlere, große mittlere und große Aufträge. Kleine Aufträge besitzen an allen Stationen kurze, große dagegen an allen Stationen lange Bearbeitungszeiten. Je nach Auftragsgröße sind die Bearbeitungszeiten in den in Abbildung 4.2 dargestellten Intervallen gleichverteilt.

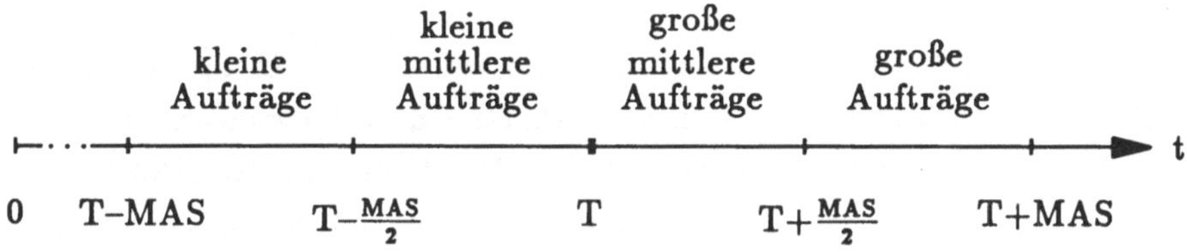

Abbildung 4.2:   Gleichförmige Bearbeitungszeiten

Bei gleichmäßig streuenden Bearbeitungszeiten ermittelt der Zufallsgenerator für alle Aufträge an allen Stationen in dem Intervall $[T - MAS \; ; \; T + MAS]$ gleichverteilte Bearbeitungszeiten. Bei realen Anwendungen sind auch Bearbeitungszeiten mit einer Dauer von 0 Zeiteinheiten denkbar. Deshalb kann die Anzahl solcher **Nullwerte** prozentual zu allen generierten Bearbeitungszeiten durch einen Parameter des Zufallsgenerators bestimmt werden.

Insbesondere bei der Analyse des Wirkungsgrades in Abschnitt 4.3 wurden die Simulationen mit verschiedenen Parameterwerten der Fließbandkonfiguration und des Zufallsgenerators wiederholt, um den Einfluß einzelner Parameter auf den Wirkungsgrad der Heuristik sichtbar zu machen.

4.2 Analyse der Qualität

Es wurde bereits darauf hingewiesen, daß das Reihenfolgeproblem nur näherungsweise als Traveling–Salesman–Problem darstellbar ist. Darüber hinaus läßt sich auch das Traveling–Salesman–Problem selbst nur heuristisch mit einem vertretbaren Berechnungsaufwand lösen. Deshalb ermittelt das heuristische Verfahren aus Kapitel 3 i.a. nicht die Reihenfolge mit minimaler Überhangssumme. Berechnet wird eine Reihenfolge, die gegenüber der zufällig generierten Startreihenfolge des 2–Opt–Verfahrens eine geringere Summe an Überhängen verursacht. Es ist kaum denkbar, daß die Abweichungen der heuristisch berechneten gegenüber der optimalen Lösung für den allgemeinen Fall analytisch abgeschätzt werden können, da beide zuvor genannten Approximationen zu berücksichtigen sind. Deshalb wurde die Qualität des Verfahrens mit Hilfe der Simulation untersucht. Von besonderem Interesse ist hierbei der Zusammenhang zwischen der Summe der Distanzen und der Summe der positiven Überhänge, da man daraus schließen kann, wie gut das Reihenfolgeproblem auf das Traveling–Salesman–Problem abgebildet wird.

Für diese Simulation wurden 200 zufällige und 200 heuristisch optimierte Reihenfolgen generiert und jeweils die Summe der Distanzen und der positiven Überhänge hinsichtlich einer zuvor festgelegten Fließbandkonfiguration berechnet. In dem durch Abbildung 4.3 dargestellten Koordinatensystem sind für diese 400 Reihenfolgen in horizontaler Richtung die Summe der Distanzen und in vertikaler Richtung die Summe der Überhänge (beide in Sekunden) abgetragen.

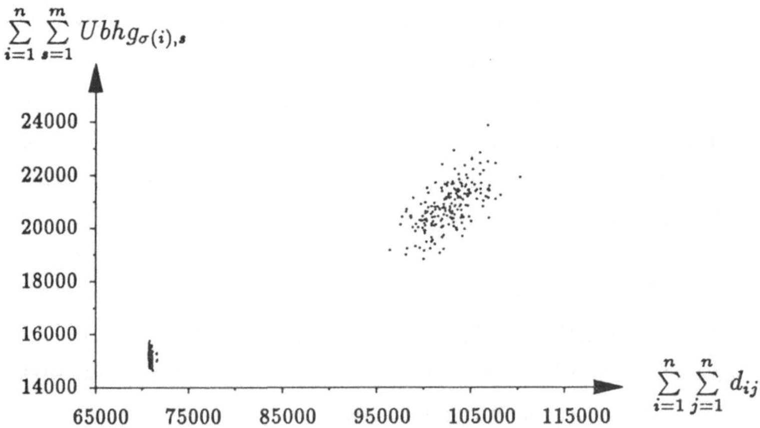

Abbildung 4.3:   Zusammenhang zwischen der Summe der Überhänge und der Summe der Distanzen

Die 200 zufälligen Reihenfolgen erzeugen die größere, in Abbildung 4.3 rechts oben liegende Punktwolke. Alle zufälligen Reihenfolgen verursachen eine hohe Distanz- und eine hohe Überhangssumme. Ein funktionaler Zusammenhang zwischen beiden

Größen kann jedoch nicht vermutet werden, da es nicht ausgeschlossen ist, daß es zu einem Distanzwert mehrere Überhangswerte gibt.

Die kleine kompakte Punktwolke in der Nähe des Koordinatenursprungs entsteht durch die 200 heuristisch ermittelten Reihenfolgen. Diese Auftragsfolgen besitzen erwartungsgemäß wesentlich geringere Distanz- aber auch deutlich niedrigere Überhangssummen als die zufällig generierten. Aus dem Vergleich der beiden Punktwolken erkennt man, daß Reihenfolgen mit einer großen bzw. kleinen Distanzsumme auch eine große bzw. kleine Überhangssumme besitzen. Durch Minimierung der Distanzen werden deshalb auch die Überhänge minimiert. Allein mit dieser qualitativen Aussage kann man jedoch die Güte der Heuristik noch nicht abschließend beurteilen. Offen bleibt nämlich die Frage, wie weit die gefundenen Lösungen von der optimalen abweichen, d.h. um wieviel die Überhangssummen der heuristisch ermittelten Reihenfolgen höher ausfallen als die der optimalen Reihenfolge. Es sei vorweggenommen, daß dieser Vergleich insofern nicht durchführbar ist, da sich die optimale Reihenfolge nicht in akzeptabler Zeit berechnen läßt. Die Qualität der Heuristik kann aber auch anhand Abbildung 4.3 analysiert werden.

Diese Abbildung läßt klar erkennen, daß alle heuristisch optimierten Reihenfolgen nahezu die gleichen Distanzsummen aber auch ähnlich hohe Überhangssummen besitzen. Bei zahlreichen Simulationen mit unterschiedlichen Fließbandkonfigurationen differierten bei den optimierten Reihenfolgen die Distanzsummen lediglich um ca. 1 – 3 % und die Überhänge nur um ca. 3 – 5 %. Alle bezüglich den Distanzen 2–optimalen Reihenfolgen verursachen also eine ähnlich hohe Summe an positiven Überhängen. Ein derartig enger Zusammenhang zwischen Distanzen und Überhängen besteht innerhalb der zufälligen Reihenfolgen offensichtlich nicht, da hier die Überhangssummen in wesentlich breiteren Intervallen streuen. (Dies beweist die in vertikaler Richtung deutlich breitere Punktwolke der zufälligen Reihenfolgen.) Da man sich ausschließlich für die optimierten Reihenfolgen interessiert, beeinträchtigt dies die Qualität des Verfahrens in keiner Weise. Entscheidend ist die Tatsache, daß die heuristisch ermittelten Reihenfolgen mit sehr niedrigen Distanzsummen auch immer nur sehr wenig Überhang bewirken.

Da bei dem Verfahren aus Kapitel 3 das Traveling–Salesmann–Problem nicht exakt, sondern mit Hilfe des 2–Opt–Verfahrens nur heuristisch gelöst wird, besitzen die so generierten Reihenfolgen in der Regel eine höhere Distanzsumme als die optimale Reihenfolge. Aufgrund der obigen Überlegungen ist deshalb zu erwarten, daß die optimale Reihenfolge auch eine geringere Überhangssumme verursacht als die 2–optimalen. Eine abschließende Beurteilung der Qualität des Optimie-

rungsverfahrens erfordert deshalb die Analyse der Qualität des 2–Opt–Verfahrens,
d.h. es ist zu untersuchen, um wieviel höher die Distanzsummen der 2–optimalen
Lösungen gegenüber derjenigen der optimalen Lösung sind. Hierzu wurden bereits statistische Methoden entwickelt (siehe z.B. LAWLER/ LENSTRA/ RINNOY
KAN/ SHMOYS 1984). Solche Methoden erfordern einen großen Aufwand an Simulation. Deshalb wurde auf eine statistisch fundierte Analyse der Qualität des
2–Opt–Verfahrens verzichtet. Bereits Abschnitt 3.3.2 weist darauf hin, daß bei der
vorliegenden Anwendung das 3–Opt– gegenüber dem 2–Opt–Verfahren höchstens
geringfügig niedrigere Distanzsummen generiert, da die Distanzwerte in einem relativ kleinen Intervall streuen. Obwohl daraus nicht zwingend gefolgert werden kann,
daß die 2–optimalen Lösungen dem Optimum sehr nahe kommen, läßt dieser Sachverhalt zumindest sehr gute 2–optimale Lösungen vermuten. Man kann deshalb
davon ausgehen, daß die optimale Distanzsumme prozentual nur geringfügig unter
den 2–optimalen liegt.

Die Ergebnisse der vorangehenden Ausführungen sind wie folgt zusammenzufassen:
Da Reihenfolgen mit geringen Distanzsummen auch immer kleine Überhangssummen aufweisen, und da die 2–optimalen Reihenfolgen hinsichtlich den Distanzen
nahezu optimal sind, besitzt das heuristische Verfahren eine sehr gute Qualität.
Die generierten Reihenfolgen verursachen also nur unwesentlich mehr Überhang als
die denkbar beste Auftragsfolge.

Die Diskussion der Bewertungskriterien ergab, daß zur Beurteilung der
Gleichmäßigkeit der Auslastung der Stationen neben der Summe der positiven
Überhänge auch die Summe der Leerzeiten heranzuziehen ist. Weiter wurde der
Zusammenhang zwischen Überhängen und Leerzeiten erläutert. Abschnitt 2.3.4
weist nämlich darauf hin, daß positive Überhänge unter Ausnutzung von Leerzeiten reduzierbar sind. Dieser Zusammenhang läßt sich durch den Zusammenhang
zwischen den Leerzeiten und den Distanzen zeigen. Genau wie in der zuvor erläuterten Simulation wurden für je 200 heuristisch optimierte und 200 zufällig gewählte
Auftragsfolgen die Summe der Leerzeiten und die Summe der Distanzen berechnet.
Die nachfolgende Abbildung 4.4 zeigt die Ergebnisse dieser Simulation.

Man erkennt an dieser Abbildung, daß zwischen Leerzeiten und Distanzen der gleiche Zusammenhang besteht wie zwischen Überhängen und Distanzen. Reihenfolgen mit niedriger Distanzsumme verursachen auch weniger Leerzeiten (und weniger
Überhänge). Bei heuristisch optimierten Reihenfolgen ist folglich sowohl die Summe
der Überhänge als auch die Summe der Leerzeiten klein.

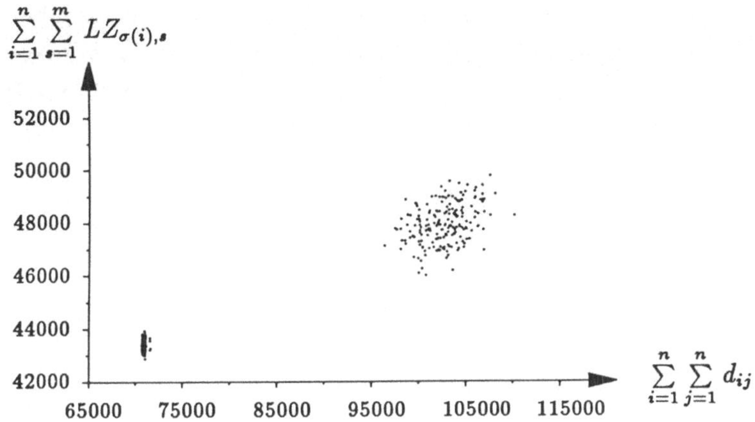

Abbildung 4.4:   Zusammenhang zwischen der Summe der Leerzeiten
und der Summe der Distanzen

Die enge Beziehung zwischen Überhängen und Leerzeiten kann man aber auch anhand der nachfolgenden Abbildung erkennen. In Abbildung 4.5 sind die Überhangs- und die Leerzeitensummen der 400 simulierten Reihenfolgen abgetragen. Der Zusammenhang zwischen beiden Kriterien ist offensichtlich.

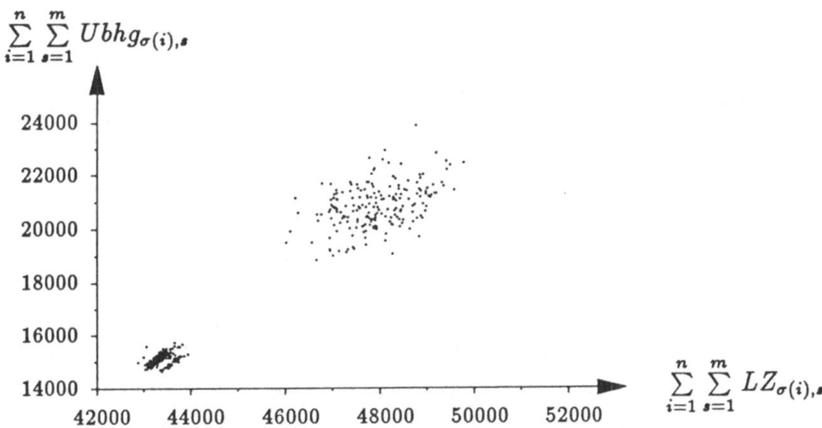

Abbildung 4.5:   Zusammenhang zwischen der Summe der Überhänge
und der Summe der Leerzeiten

Bei der Analyse der Bewertungskriterien in Abschnitt 2.3.4 wurde auf den indirekten Zusammenhang zwischen der Gleichmäßigkeit der Auslastung und der Summe der Wartezeiten hingewiesen. Daß zwischen der Summe der Wartezeiten und der

Summe der Distanzen – und somit auch zwischen der Summe aus Überhängen und
Leerzeiten – ein weniger zwingender Zusammenhang besteht, verdeutlicht Abbildung 4.6, in der die Wartezeiten und die Distanzen der 400 simulierten Reihenfolgen
dargestellt sind.

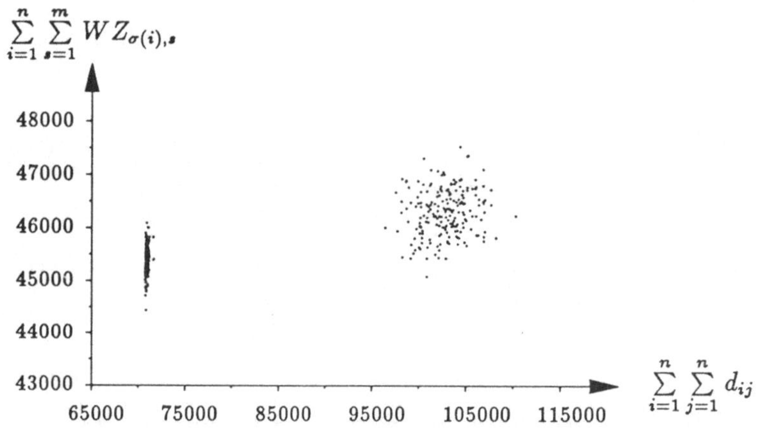

Abbildung 4.6:   Zusammenhang zwischen der Summe der Wartezeiten
und der Summe der Distanzen

Es wird deutlich, daß zufällige Reihenfolgen z.T. weniger Wartezeiten verursachen
als die heuristisch ermittelten, wenngleich die durchschnittliche Summe der Wartezeiten bei den optimierten Reihenfolgen geringer ist als die der zufällig gewählten.

4.3   Analyse des Wirkungsgrades

Neben der Qualität des heuristischen Verfahrens interessieren auch die Größenord-
nungen, um die die Überhangssumme und die Summe der Leerzeiten durchschnittlich reduziert werden. In diesem Zusammenhang stellt sich auch die Frage, ob und
wie der Wirkungsgrad von der jeweiligen Fließbandkonfiguration oder der Beschaffenheit der Bearbeitungszeiten abhängt.

Zur Ermittlung der durchschnittlichen prozentualen Verbesserungen wird für n
Aufträge der prozentuale Unterschied hinsichtlich der Überhangs- und Leerzeitensumme einer heuristisch optimierten gegenüber einer zufälligen Reihenfolge berechnet. Dieser Simulationsteillauf wird mehrmals wiederholt, wobei jedesmal n neue
Aufträge, also Aufträge mit anderen Bearbeitungszeiten zugrunde liegen. Diese

Vorgehensweise entspricht insofern der Realität, da auch bei einer realen Anwendung an jedem Produktionstag andere Aufträge zu bearbeiten sind. Die durchschnittliche prozentuale Verbesserung ergibt sich durch Division der Summe aller prozentualen Verbesserungen durch die Anzahl der Simulationsteilläufe. Die durchschnittliche prozentuale Verbesserung gibt also an, um wieviel Prozent das Optimierungsverfahren die Summe der Überhänge bzw. Leer- und Wartezeiten einer zufälligen Reihenfolge im Durchschnitt prozentual reduziert.

Die folgenden Simulationsergebnisse basieren auf der Fließbandkonfiguration $(n, m, T, MaxUbhg, MPL) = (100, 20, 300, 0.30, 0.10)$, sofern nicht andere Parameterwerte genannt werden. Die bei Simulationen aufgrund zufälliger Startwerte immer auftretende Einschwingphase war nach 50 Simulationsteilläufen beendet, d.h. die konkreten Werte der durchschnittlichen prozentualen Verbesserungen änderten sich nach 50 Teilläufen nur noch geringfügig.

Variation der Anzahl der Aufträge

Bei gleichförmigen Bearbeitungszeiten mit 10 % Nullwerten und einer maximalen prozentualen Streuung von 25 % wurden bei Variation der Anzahl der Aufträge die Simulationsergebnisse der nachfolgenden Tabelle ermittelt. (In den folgenden Tabellen steht "Ubhg" für die Summe der Überhänge, "LZ" für die Summe der Leerzeiten und "WZ" für die Summe der Wartezeiten.)

Anzahl Aufträge	:	10	15	20	25	30	40	50	75	100	140
Ubhg	:	13	14	16	17	18	17	18	18	19	20
LZ	:	1	3	5	6	5	6	6	6	6	7
WZ	:	2	3	3	3	3	3	4	3	4	4

Tabelle 4.1   Durchschnittliche prozentuale Verbesserungen bei **gleichförmigen** Bearbeitungszeiten mit 10 % Nullwerten

Die Daten zeigen, daß das Optimierungsverfahren die Überhangssumme zufälliger Reihenfolgen bei 10 Aufträgen durchschnittlich um 13 %, bei 140 Aufträgen dagegen bereits um 20 % verringert. Die durchschnittlichen prozentualen Verbesserungen steigen mit der Anzahl der Aufträge an. Dies bedeutet, daß bei steigender Auftragszahl die zufälligen gegenüber den optimierten Reihenfolgen in bezug auf eine gleichmäßige Auslastung der Stationen zunehmend schlechter werden. Demzufolge ist der Reihenfolgeplanung eine um so höhere Bedeutung beizumessen, je mehr Aufträge einzuplanen sind.

Auch die Summe der Leer- und Wartezeiten werden mit zunehmender Auftragszahl stärker reduziert. Dabei fällt auf, daß die Werte wesentlich kleiner als bei den Überhängen ausfallen. In Verbindung mit Tabelle 4.3 wird gezeigt, daß die Nullwerte in Höhe von 10 % diese Unterschiede bewirken.

Zur Gewinnung der folgenden Daten wurden im Gegensatz zur vorangehenden Simulation nicht gleichförmige, sondern gleichmäßig streuende Bearbeitungszeiten generiert.

Anzahl Aufträge	:	10	15	20	25	30	40	50	75	100	140
Ubhg	:	8	11	12	13	16	17	18	19	20	23
LZ	:	2	3	6	5	6	6	7	7	8	8
WZ	:	1	2	3	3	3	4	3	4	4	5

Tabelle 4.2 Durchschnittliche prozentuale Verbesserungen bei gleichmäßig streuenden Bearbeitungszeiten mit 10 % Nullwerten

Die Ergebnisse zeigen, daß auch bei gleichmäßig streuenden Bearbeitungszeiten die Überhänge sowie die Leer- und Wartezeiten mit zunehmender Auftragszahl stärker minimiert werden. Die Beschaffenheit der Bearbeitungszeiten beeinflußt nur die Höhe der erzielbaren Verbesserungen. Die Werte in Tabelle 4.2 steigen mit der Auftragszahl etwas schneller an als die in Tabelle 4.1.

Die vorangehende Simulation wurde unter den gleichen Bedingungen wiederholt, wobei der Zufallsgenerator diesmal keine Bearbeitungszeiten mit einer Dauer von 0 Sekunden generierte. Wie die nachfolgende Tabelle 4.3 verdeutlicht, steigen auch in diesem Fall die durchschnittlichen prozentualen Verbesserungen mit der Anzahl der Aufträge. Es fällt auf, daß gegenüber den Daten aus Tabelle 4.2 die Überhänge nicht mehr so stark minimiert werden. Mit Nullwerten kann man die großen Überhänge wirkungsvoll verringern, indem man den Aufträgen mit langen Bearbeitungszeiten solche Aufträge voranstellt, die an den entsprechenden Stationen eine Bearbeitungszeit von 0 Sekunden besitzen. Zur Bewältigung der langen Bearbeitungszeiten können dann die aus den Nullwerten resultierenden Leerzeiten verwendet werden. Offensichtlich nutzt das Optimierungsverfahren diese Möglichkeit aus, da die durchschnittlichen Verbesserungen bei 10 % Nullwerten höher sind als die, die ohne Nullwerte ermittelt wurden.

Anzahl Aufträge :	10	15	20	25	30	40	50	75	100	140
Ubhg :	6	8	7	10	11	13	13	15	16	16
LZ :	4	4	7	8	7	11	9	12	11	12
WZ :	5	6	9	6	8	9	9	10	10	10

Tabelle 4.3 Durchschnittliche prozentuale Verbesserungen bei gleichmäßig streuenden Bearbeitungszeiten mit 0 % Nullwerten

Der Vergleich der Tabellen 4.2 und 4.3 macht deutlich, daß im Gegensatz zu den Überhängen die Leer- und Wartezeiten ohne Nullwerte stärker minimiert werden. Selbst wenn zur Bearbeitung des vorangehenden und nachfolgenden Auftrags der maximale positive bzw. negative Überhang in Höhe von 30 % der Taktzeit vollständig ausgenutzt wird, verursacht ein Auftrag mit einer Bearbeitungszeit von 0 Sekunden an der entsprechenden Station mindestens eine Leerzeit in Höhe von 40 % der Taktzeit. Solche durch Nullwerte verursachten Leerzeiten lassen sich durch die Optimierung der Reihenfolge nur geringfügig reduzieren. Deshalb entstehen bei 10 % Nullwerten sowohl bei zufälligen als auch bei optimierten Reihenfolgen lange Leerzeiten. Die prozentuale Verbesserung fällt folglich geringer aus. Wenn keine Nullwerte vorkommen, entstehen nur kurze Leerzeiten. Deshalb ist zum einen die Summe aller Leerzeiten bei zufälligen und bei optimierten Reihenfolgen kleiner. Zum anderen lassen sich kurze Leerzeiten durch eine geeignete Wahl der Auftragsfolge eher vermeiden als lange. Demzufolge fällt die prozentual gemessene Minimierung der Leerzeiten höher aus. Diese Überlegung gilt analog für die Wartezeiten.

Wenn man die vorangehenden Simulationen mit anderen Fließbandkonfigurationen oder mit gleichförmigen Bearbeitungszeiten wiederholt, lassen sich in bezug auf die Nullwerte die gleichen Zusammenhänge erkennen.

Variation der Anzahl der Bearbeitungsstationen

Die Daten der Tabelle 4.4 basieren auf einer Simulation mit gleichmäßig streuenden Bearbeitungszeiten, 10 % Nullwerten und einer maximalen prozentualen Streuung von 25 %. Mit dieser Simulation wird der Einfluß der Stationszahl auf den Wirkungsgrad analysiert.

Die Simulationsergebnisse zeigen, daß die prozentuale Minimierung der Überhänge sowie der Leer- und Wartezeiten mit steigender Stationszahl sinkt. Dieser Sachverhalt ist damit zu begründen, daß es mit zunehmender Stationszahl immer schwieri-

Anzahl Stationen :	2	3	4	5	8	10	15	25	35	50	90
Ubhg :	88	74	65	51	38	33	25	18	15	13	9
LZ :	20	19	17	14	11	9	7	5	4	3	3
WZ :	15	7	6	7	7	6	5	4	3	3	2

Tabelle 4.4 Durchschnittliche prozentuale Verbesserungen bei gleichmäßig streuenden Bearbeitungszeiten mit 10 % Nullwerten

ger wird, für alle Aufträge Vorgänger und Nachfolger mit an allen Stationen zueinander "passenden" Bearbeitungszeiten zu finden. Bei der Diskussion der Distanzfunktionen wurde bereits erwähnt, daß die Bearbeitungszeiten zweier Aufträge an einer Station dann gut zueinander passen, wenn die Summe beider Bearbeitungszeiten von der doppelten Taktzeit nur wenig abweicht. Man wird zwei Aufträge nur dann unmittelbar nacheinander bearbeiten, wenn sie an *allen* Stationen passende Bearbeitungszeiten besitzen. Mit steigender Stationszahl kann diese Forderung immer weniger erfüllt werden. Dies bedeutet, daß auch solche Aufträge aufeinanderfolgen, deren Bearbeitungszeiten nur an einigen Stationen zueinander passen. Deshalb werden die Differenzen aus Überhängen und Leerzeiten der optimierten und zufälligen Reihenfolgen zunehmend geringer. Bei gleichförmigen Bearbeitungszeiten resultieren wiederum die gleichen Zusammenhänge.

Variation der Taktzeit

Real existierende Fließbandkonfigurationen unterscheiden sich neben der Anzahl der Stationen auch hinsichtlich der Taktzeit. Deshalb ist es sinnvoll zu analysieren, ob der Wirkungsgrad des Optimierungsverfahrens von der konkreten Länge der Taktzeit abhängt. Die durch den Zufallsgenerator ermittelten Bearbeitungszeiten streuen in dem um die Taktzeit symmetrischen Intervall $[T - MAS ; T + MAS]$. Wenn mit der Taktzeit auch die Länge dieses Intervalls, d.h. die maximale absolute Streuung MAS, so erhöht wird, daß die prozentuale Streuung der Bearbeitungszeiten konstant bleibt, besitzt die Länge der Taktzeit keinen Einfluß auf den Wirkungsgrad. Bei gleichbleibender maximaler prozentualer Streuung MPS resultieren also bei verschiedenen Taktzeiten nahezu die gleichen durchschnittlichen prozentualen Verbesserungen. Bei einer Taktzeit in Höhe von 100 und einer MAS von 25 Sekunden werden deshalb die Überhänge in dem gleichem Ausmaß minimiert, wie bei einer Taktzeit in Höhe von 200 und einer MAS von 50 Sekunden.

Erhöht man jedoch die Taktzeit bei konstanter absoluter und somit bei sinkender prozentualer Streuung, beeinflußt die Länge der Taktzeit den Wirkungsgrad. Tabelle 4.5 zeigt die durchschnittlichen prozentualen Verbesserungen bei steigender Taktzeit und einer konstanten maximalen absoluten Streuung von 80 Sekunden.

Taktzeit	:	100	160	200	260	320	400	533	800	1600
MPS	:	80	50	40	30	25	20	15	10	5
MAS	:	80	80	80	80	80	80	80	80	80
Ubhg	:	10	14	16	18	20	19	18	0	0
LZ	:	6	7	7	7	7	6	5	0	0
WZ	:	4	5	5	4	4	2	1	0	0

Tabelle 4.5 Durchschnittliche prozentuale Verbesserungen bei steigender Taktzeit und konstanter maximaler absoluter Streuung (Taktzeit und MAS in Sekunden)

Die Ergebnisse zeigen, daß die Minimierung der Summen aus Überhängen und Leerzeiten mit steigender Taktzeit und sinkender prozentualer Streuung zunächst steigt. Dieser Sachverhalt wird durch die folgende Überlegung plausibel. Wenn die Bearbeitungszeiten aufgrund einer hohen prozentualen Streuung in einem sehr großen Intervall um die Taktzeit streuen, ist es wiederum nicht für alle Aufträge möglich, Vorgänger und Nachfolger mit an allen Stationen passenden Bearbeitungszeiten zu finden. Deshalb werden die Überhänge und die Leerzeiten bei weniger stark streuenden Bearbeitungszeiten deutlicher reduziert. Bei der Fließbandkonfiguration, die den Simulationsergebnissen der Tabelle 4.5 zugrunde liegt, wird der höchste Wirkungsgrad bei einer Taktzeit von 320 Sekunden und einer MPS von 25 % erreicht. Verändert man die Fließbandparameter, ergibt sich die größte durchschnittliche Verbesserung bei einer anderen MPS. Da durch die Erhöhung der Arbeitsleistung die Streuung der Bearbeitungszeiten geglättet bzw. reduziert werden kann, beeinflußt insbesondere die maximale prozentuale oder absolute Leistungssteigerung den Wert der MPS mit der größten durchschnittlichen Verbesserung.

Bei einer MPS unter 15 % werden die Überhangssummen der zufälligen Reihenfolgen nicht mehr minimiert. Wenn die Bearbeitungszeiten innerhalb sehr kleiner Intervalle streuen, differieren die Summe der Überhänge und die Summe der Leerzeiten bei den verschiedenen Reihenfolgen nur noch wenig. Die Optimierung ermöglicht deshalb nur geringfügige Verbesserungen. Bei 0 % Streuung dauert die Bearbeitung aller Aufträge an allen Stationen gleich lang. Da in diesem Fall alle

Aufträge identisch sind, stimmt auch die Überhangs- und Leerzeitensumme bei allen Reihenfolgen überein.

Variation anderer Fließbandparameter

Die Simulation wurde auch bei Variation der restlichen Fließbandparameter durchgeführt, um deren Einfluß auf den Wirkungsgrad zu isolieren. Die Ergebnisse zeigten, daß mit wachsendem maximalen Überhang die durchschnittlichen Verbesserungen sehr deutlich ansteigen. Mit der Erhöhung der Nullwerte erhöhen sich ebenfalls die durschnittlichen Verbesserungen, wobei allerdings bei einem Anteil von mehr als ca. 50 bis 60 % die durchschnittlichen Verbesserungen wiederum geringer ausfallen. Im Extremfall, d.h. bei 100 % Nullwerten, entstehen bereits bei zufälligen Reihenfolgen keine Überhänge mehr, da die Bearbeitung aller Aufträge an allen Stationen 0 Sekunden dauert.

In der Realität sind nicht immer n verschiedene Aufträge einzuplanen. Einige Aufträge können durchaus an allen Stationen die gleichen Bearbeitungszeiten besitzen. Mit zunehmender Anzahl identischer Aufträge werden die Überhänge und Leerzeiten durch die Optimierung prozentual immer weniger reduziert. Auch dieser Zusammenhang läßt sich am Extremfall erkennen. Wenn alle Aufträge an allen Stationen jeweils die gleiche Bearbeitungszeit besitzen, resultiert aus allen Auftragsfolgen die gleiche Summe an Überhängen und Leerzeiten. Durch die Optimierung der Auftragsfolge ist keine Verbesserung möglich.

Bereits bei der Analyse der Taktzeit und der maximalen prozentualen Streuung wurde darauf hingewiesen, daß eine erhöhte Arbeitsleistung die Streuung der Bearbeitungszeiten verringert. Bei steigender maximaler prozentualer Arbeitsleistung MPL ergibt sich deshalb der gleiche Zusammenhang wie bei sinkender prozentualer Streuung der Bearbeitungszeiten (vgl. Tabelle 4.5). Die durchschnittlichen Verbesserungen steigen nur bis zu einem bestimmten Wert der MPL. Bei einer sehr hohen MPL ergibt sich wiederum eine geringere Minimierung der Überhangssummen.

Bei den bisherigen Simulationen lagen die Bearbeitungszeiten in einem um die Taktzeit symmetrischen Intervall. In der Realität wählt man i.a. die Bandgeschwindigkeit so, daß die Bearbeitungszeiten um einen Wert streuen, der unterhalb der Taktzeit liegt. Dadurch steht für die Bearbeitung der Aufträge an jeder Station mehr Zeit zur Verfügung, so daß Unregelmäßigkeiten während der Bearbeitung besser ausgeglichen und somit Bandstillstände eher vermieden werden können. Wenn an einzelnen Produktionstagen nicht genügend Personal anwesend ist, wird man die Bandgeschwindigkeit reduzieren, und damit gleichbedeutend, die Taktzeit vergrößern. Auch in diesem Fall streuen die Bearbeitungszeiten um einen Wert unterhalb der Taktzeit. Deshalb wurde der Wirkungsgrad des Optimierungsverfahrens mit Bearbeitungszeiten analysiert, deren Mittelwert kleiner als die Taktzeit ist. Die durchschnittlichen prozentualen Verbesserungen steigen hierbei, falls dieser Mittelwert die Taktzeit um 5 bis 10 % unterschreitet. Wenn der Mittelwert der Bearbeitungszeiten unterhalb der Taktzeit liegt, erzeugt der Zufallsgenerator weniger Bearbeitungszeiten, die länger als die Taktzeit sind. Mit zunehmend kleinerem Mittelwert der Bearbeitungszeiten werden deshalb die prozentualen Verbesserungen immer geringer. Unterschreitet der Mittelwert der Bearbeitungszeiten die Taktzeit um mehr als die maximale absolute Streuung, entstehen überhaupt keine Bearbeitungszeiten größer als die Taktzeit und somit auch keine positiven Überhänge. Die durchschnittlichen prozentualen Verbesserungen sinken auf 0 % ab.

4.4   Zusammenfassung der Ergebnisse

Die Ergebnisse der vorangehenden Analysen zeigen, daß der Wirkungsgrad mit der Anzahl der Aufträge und dem maximalen positiven Überhang steigt. Dagegen fällt der Wirkungsgrad um so geringer aus, je mehr Stationen betrachtet werden und je häufiger gleichartige Aufträge vorkommen. Die Minimierung der Summe der Überhänge steigt mit der Anzahl der Nullwerte, solange die Bearbeitungszeiten nicht mehr als ca. 50 % Nullwerte enthalten. Ferner erweist sich der Wirkungsgrad dann als besonders hoch, wenn die Bearbeitungszeiten in einem angemessenen, d.h. nicht zu kleinen, aber auch nicht zu großen Intervall um die Taktzeit oder einen geringfügig darunterliegenden Mittelwert streuen. Es ist zu vermuten, daß bei real existierenden Fließbändern ähnliche Zusammenhänge bestehen. Die Simulationen zeigen auch, daß der Einsatz des Optimierungsverfahrens für ein breites Spektrum von Fließbandkonfigurationen lohnend erscheint, da mit Hilfe dieses Verfahrens die Summe der Überhänge und die Summe der Leerzeiten z.T. erheblich verringert werden können.

Kapitel 5

Reihenfolgeplanung bei abhängigen Fließbändern

In den vorangehenden Kapiteln wurden für unabhängige Fließbänder die hinsichtlich der Reihenfolgeplanung relevanten Bewertungskriterien herausgearbeitet und formalisiert sowie ein entsprechendes Optimierungsverfahren vorgestellt und analysiert. Das fünfte Kapitel behandelt die Reihenfolgeplanung bei abhängigen Fließbändern, wobei die in Abbildung 1.2 dargestellte Fließbandtopographie zugrunde liegt. Auch für diese Problemstellung ist es erforderlich, zuerst die entsprechenden Bewertungskriterien zu definieren. Für die Optimierung der Auftragsfolgen auf den drei Fließbändern sind verschiedene Vorgehensweisen und Algorithmen denkbar, von denen einige beschrieben und hinsichtlich ihres Wirkungsgrades verglichen werden. Hierzu müssen die Modellannahmen und die Zeitrechnung aus Kapitel 3 an die veränderte Problemstellung angepaßt werden.

5.1 Grundlegende Modellannahmen

Zur Definition des Optimierungsproblems sind zunächst die Modellannahmen aus Abschnitt 3.1 auf die drei betrachteten Fließbänder jeweils entsprechend zu übertragen. Zusätzlich wird von den folgenden Annahmen ausgegangen:

1. Die Anzahl der Stationen ist bei beiden Vorbändern gleich.

2. Die Taktzeit ist an allen drei Bändern identisch.

3. Beide Vorbänder besitzen nach ihrer letzten Station einen Bandauslauf, dessen Länge dem maximalen positiven Überhang entspricht. Analog hierzu existiert vor der ersten Station des Hauptbandes ein gleich langer Bandvorlauf.

4. Die Halbfertigfabrikate der Vorbänder können ohne Verzögerung auf das Hauptband gelegt werden.

5. Falls zwischen Vor- und Endmontage keine Zwischenläger existieren, werden die Aufträge auf allen drei Bändern in der gleichen Reihenfolge bearbeitet.

Wenn auf den drei Fließbändern jeweils unterschiedliche Reihenfolgen erlaubt sein sollen, ist nach jedem Vorband ein Zwischenlager zur Synchronisation der Auftragsfolgen erforderlich. In diesem Fall sind weitere Modellannahmen notwendig.

6. Auf dem Hauptband kann die Bearbeitung eines Auftrags erst dann beginnen, wenn die beiden zum Auftrag gehörenden Halbfertigfabrikate in den Zwischenlägern verfügbar sind.

7. Die Lagerkapazität der Zwischenläger ist beschränkt. Da zu jedem Zeitpunkt in beiden Zwischenlägern gleich viele Halbfertigfabrikate lagern, sollen beide Zwischenläger dieselbe maximale Lagerkapazität besitzen.

8. Die Vorbänder bearbeiten die Aufträge gegenüber dem Hauptband mit einer Vorlaufzeit in Höhe von v Taktzeiten ($v \in I\!N$). Deshalb befinden sich in beiden Zwischenlägern zu jedem Zeitpunkt mindestens v Aufträge. Wenn der erste Auftrag der Reihenfolge das Zwischenlager erreicht, warten in den Zwischenlägern noch mindestens v Aufträge der vorangehenden Reihenfolge auf ihre Bearbeitung auf dem Endmontageband.

Aufgrund der vorgegebenen Fließbandtopographie ist es erforderlich, daß die zwei Vorbänder in der gleichen Zeit die gleiche Anzahl von Aufträgen fertigstellen. Deshalb fordert die erste und zweite Modellannahme, daß bei beiden Vorbändern die Anzahl der Stationen und die Taktzeit übereinstimmen. Nur dann besitzen beide Vorbänder die gleiche Kapazität. Damit die Zahl der Aufträge, die vor dem Hauptband auf ihre Bearbeitung warten, konstant bleibt, soll die Taktzeit des Endmontagebandes mit der der Vorbänder äquivalent sein.

Die achte Modellannahme geht davon aus, daß sich in den Zwischenlägern bei Ankunft des ersten Auftrags der betrachteten Reihenfolge die letzten v Aufträge der vorangehenden Reihenfolge befinden. Es sei angenommen, daß diese Aufträge nicht von Aufträgen der neuen Reihenfolge überholt werden dürfen, da andernfalls die Gefahr besteht, daß einzelne Aufträge tagelang in den Zwischenlägern verweilen müssen. Nach jeder Taktzeit verläßt ein alter Auftrag die beiden Zwischenläger, so daß ab der Ankunft des ersten Auftrags der neuen Reihenfolge nach v Taktzeiten nur noch neue Aufträge in den Zwischenlägern warten.

5.2 Bewertungskriterien bei abhängigen Fließbändern

Die Diskussion der Bewertungskriterien in Abschnitt 2.3 ergab, daß die gleichmäßige Auslastung aller Stationen die zentrale Zielsetzung der Reihenfolgeplanung bei unabhängigen Fließbändern darstellt. Aus einer gleichmäßigen Auslastung resultieren bei abhängigen Fließbändern die gleichen Vorteile wie bei unabhängigen. Deshalb ist dieses Ziel auch bei der Optimierung der Auftragsfolgen abhängiger Fließbänder zu beachten. Während bei unabhängigen Fließbändern die Gleichmäßigkeit der Auslastung die einzig relevante Zielsetzung war, ist für abhängige Fließbänder noch zu klären, ob nicht weitere Ziele hinsichtlich der Reihenfolgeplanung von Bedeutung sind. Hierzu sind Reihenfolgeprobleme, bei denen die Auftragsfolgen auf allen Bändern identisch sein müssen, von solchen zu unterscheiden, die aufgrund von Zwischenlägern unterschiedliche Auftragsfolgen zulassen.

Bei **identischen Reihenfolgen** liegen die Aufträge gemäß den Modellannahmen in gleichen zeitlichen Abständen einer Taktzeit auf den Fließbändern. Genau wie bei unabhängigen Fließbändern läßt sich deshalb zeigen, daß die (durchschnittliche) Durchlaufzeit, die Verspätungen und die Wartezeiten für den vorliegenden Kontext nicht zur Bewertung der Auftragsfolgen geeignet sind. Auch bei abhängigen Fließbändern ist deshalb die gleichmäßige Auslastung die einzig sinnvolle Zielsetzung, sofern die Aufträge auf allen Fließbändern in der gleichen Reihenfolge bearbeitet werden. Demzufolge sind nur die Kriterien "Summe der positiven Überhänge" und "Summe der Leerzeiten" zu minimieren.

Es bleibt zu klären, ob und welche zusätzlichen Kriterien Relevanz besitzen, wenn **unterschiedliche Reihenfolgen** zulässig sind. Verschiedene Auftragsfolgen erfordern nach jedem Vorband ein Zwischenlager, das mindestens einen Auftrag aufnehmen kann. Die Bearbeitung eines Auftrags kann erst dann auf dem Hauptband beginnen, wenn beide erforderlichen Halbfertigfabrikate in den Zwischenlägern angekommen sind. Nach Ablauf jeder Taktzeit sollte ein Auftrag auf das Hauptband gelegt werden. Wenn jedoch in den Zwischenlägern wegen der unterschiedlichen Reihenfolgen auf den Vorbändern keine zusammengehörenden Halbfertigfabrikate lagern, kann zu der entsprechenden Taktzeit kein Auftrag auf das Endmontageband genommen werden. Es entsteht ein **Bandleerlauf** in Höhe von mindestens einer Taktzeit. Erst wenn aufgrund neu angekommener Halbfertigfabrikate zwei zusammengehörende verfügbar sind, ist es möglich, mit der Bearbeitung der Aufträge auf dem Hauptband fortzufahren. Die Durchlaufzeit aller Aufträge erhöht sich entsprechend um die Anzahl der Taktzeiten, in denen keine Aufträge auf das Hauptband gelegt werden konnten. Ferner erhöht sich die Anzahl der Aufträge, die in den Zwischenlägern warten. Da die Anzahl der Bandleerläufe nicht bei allen Reihenfolgen identisch ist, unterscheiden sich auch die Durchlaufzeiten und die Summe der Wartezeiten in den Zwischenlägern. Die Gesamtdurchlaufzeit und die Summe der Wartezeiten eignen sich deshalb als Bewertungskriterium, da sie auch ökonomisch sinnvolle Kriterien darstellen. Demzufolge sind neben der Summe der Überhänge und Leerzeiten hinsichtlich der Reihenfolgeplanung abhängiger Fließbänder weitere Kriterien relevant.

Die Auftragsfolgen, die auf den drei Fließbändern jeweils die minimale Summe an Überhängen verursachen, werden sich mit hoher Wahrscheinlichkeit unterscheiden. Die Anzahl der Bandleerläufe ist bereits dann sehr groß, wenn nur ein Auftrag auf einem Vorband und auf dem Hauptband eine vordere und auf dem anderen Vorband eine hintere Position in der jeweiligen Auftragsfolge mit minimalem Überhang erhält. Deshalb ist zu erwarten, daß die Reihenfolgen, bei denen die Summe der Überhänge an allen drei Fließbändern gering ist, viele Bandleerläufe und somit hohe Durchlaufzeiten verursachen. Nur bei sehr ähnlichen Auftragsfolgen entstehen auch wenig Bandleerläufe. Bei ähnlichen Auftragsfolgen wird jedoch die Summe der Überhänge an allen drei Bändern wiederum höher ausfallen. Die Kriterien "Summe der Überhänge auf allen Fließbändern" und "Gesamtdurchlaufzeit" sind deshalb konkurrierend. Demzufolge kann man nicht beide Kriterien gleichzeitig minimieren.

Die Kosten eines Bandleerlaufs lassen sich im Einzelfall nur schwer, für die allgemeine Betrachtung überhaupt nicht quantifizieren. Sie erhöhen die Gesamtdurchlaufzeit und verringern dadurch die Produktionskapazität. Da mit der Zahl der Bandleerläufe die Anzahl der Aufträge in den Zwischenlägern steigt, besteht die Gefahr, daß die Lagerkapazität überschritten wird. Bandleerläufe bewirken offensichtlich erhebliche Nachteile. Deshalb wird die Zielsetzung der Reihenfolgeplanung bei Fließbandfertigung, "gleichmäßige Auslastung aller Stationen", bei abhängigen Fließbändern um die Nebenbedingung erweitert, daß keine Bandleerläufe entstehen dürfen. Als Bewertungskriterien sind dann wiederum nur die Summe der Überhänge und die der Leerzeiten heranzuziehen. Da auch bei abhängigen Fließbändern mit den Überhängen gleichzeitig auch die Leerzeiten minimiert werden, genügt es, die positiven Überhänge zu minimieren.

5.3 Bewertung einzelner Reihenfolgen

Da für abhängige und unabhängige Fließbänder die gleichen Kriterien zu verwenden sind, stimmt auch die Vorgehensweise bei der Bewertung überein. Im Rahmen der Zeitrechnung werden zunächst auf Grundlage der vorgegebenen Reihenfolgen für alle Aufträge die Bearbeitungsanfangs- und -endzeitpunkte an allen Stationen der drei Fließbänder ermittelt. Danach lassen sich die Überhänge und die Leerzeiten an den einzelnen Fließbändern berechnen. Der folgende Abschnitt ergänzt und modifiziert die Variablen und Fließbandparameter aus Abschnitt 3.2.1 in bezug auf das Modell und die Problemstellung bei abhängigen Fließbändern.

5.3.1 Definition der Variablen und Fließbandparameter

Die Fließbandparameter n, T, $MaxUbhg$, MPL, MAL, MPS und MAS bleiben in ihrer Bedeutung gegenüber Abschnitt 3.2.1 unverändert. Sie beziehen sich jetzt auf alle drei betrachteten Fließbänder. Die verbleibenden Variablen und Parameter sind um den Index b ($b = 1, 2, 3$) zu erweitern, der die Nummer des jeweiligen Fließbandes angibt. Die Vorbänder erhalten die Nummern 1 und 2, das Hauptband die Nummer 3. Demzufolge bezeichnet σ_b die Reihenfolge, in der die n Aufträge auf Band b zu bearbeiten sind. Desweiteren werden definiert:

m_b : Anzahl der Stationen von Band b ($b = 1, 2, 3$). Gemäß den Modellannahmen gilt $m_1 = m_2$.

v : Vorlauf (in Taktzeiten) der Vorbänder gegenüber dem Endband (vgl. 8. Modellannahme in Abschnitt 5.1).

$BZ^{(b_1)}_{\sigma_{b_2}(i),s}$: Bearbeitungszeit von Auftrag $\sigma_{b_2}(i)$ an Station s auf Band b_1 ($i = 1, \ldots, n$; $s = 1, \ldots, m_{b_1}$; $b_1, b_2 = 1, 2, 3$).

$IdBAZ^{(b_1)}_{\sigma_{b_2}(i),s}$: Idealer Bearbeitungsanfangszeitpunkt von Auftrag $\sigma_{b_2}(i)$ an Station s auf Band b_1 ($i = 1, \ldots, n$; $s = 1, \ldots, m_{b_1}$; $b_1, b_2 = 1, 2, 3$).

$BAZ^{(b_1)}_{\sigma_{b_2}(i),s}$: Bearbeitungsanfangszeitpunkt von Auftrag $\sigma_{b_2}(i)$ an Station s auf Band b_1 ($i = 1, \ldots, n$; $s = 1, \ldots, m_{b_1}$; $b_1, b_2 = 1, 2, 3$).

Die Variablen $IdBEZ^{(b_1)}_{\sigma_{b_2}(i),s}$ und $BEZ^{(b_1)}_{\sigma_{b_2}(i),s}$ sind analog definiert.

5.3.2 Mathematische Formulierung der Zeitrechnung

Die Zeitrechnung der beiden Vorbänder verläuft völlig analog zu der unabhängiger
Fließbänder (vgl. Abschnitt 3.2.2). Für das Hauptband ist die Zeitrechnung jedoch
zu modifizieren, da die Aufträge aufgrund von Bandleerläufen nicht immer unmittelbar aufeinanderfolgen. Die modifizierte Zeitrechnung berücksichtigt Bandleerläufe
durch eine entsprechende Berechnung der idealen Bearbeitungsanfangszeitpunkte
an der ersten Station des Hauptbandes.

Ideale Bearbeitungsanfangs- und -endzeitpunkte auf Band 3

Die Bearbeitung des ersten Auftrags $\sigma_3(1)$ der Reihenfolge des Hauptbandes kann
erst dann an der ersten Station beginnen, wenn die entsprechenden Halbfertigfabrikate die Zwischenläger erreicht haben. Deshalb liegt auch der ideale Bearbeitungsanfangszeitpunkt von Auftrag $\sigma_3(1)$ nach der Ankunft der Halbfertigfabrikate
in den Zwischenlägern. Gemäß den Modellannahmen aus Abschnitt 5.1 existiert
nach der jeweils letzten Station von Vorband 1 und 2 ein Bandauslauf, den die
Aufträge in $MaxUbhg$ Zeiteinheiten durchlaufen. Deshalb kommt das Halbfertigfabrikat für Auftrag $\sigma_3(1)$ von Vorband 1 zum Zeitpunkt $IdBEZ^{(1)}_{\sigma_3(1),m_1} + MaxUbhg$
am Zwischenlager 1 an; analog dazu erreicht das Halbfertigfabrikat von Vorband
2 zum Zeitpunkt $IdBEZ^{(2)}_{\sigma_3(1),m_2} + MaxUbhg$ das Zwischenlager 2. Wenn die Halbfertigfabrikate verfügbar sind, kann Auftrag $\sigma_3(1)$ den Anfang der ersten Station
aufgrund des Bandvorlaufs erst nach weiteren $MaxUbhg$ Sekunden erreichen. Für
den idealen Bearbeitungsanfangszeitpunkt von Auftrag $\sigma_3(1)$ gilt deshalb

$$(5.1) \quad IdBAZ^{(3)}_{\sigma_3(1),1} \geq max\left\{IdBEZ^{(1)}_{\sigma_3(1),m_1} \ ; \ IdBEZ^{(2)}_{\sigma_3(1),m_2}\right\} + 2 \cdot MaxUbhg.$$

Wegen der Vorlaufzeit in Höhe von v Taktzeiten warten in den Zwischenlägern noch
v Aufträge der vorangehenden Reihenfolge auf ihre Bearbeitung auf dem Hauptband, wenn der jeweils erste Auftrag der Reihenfolgen σ_1 und σ_2 an Zwischenlager
1 bzw. 2 ankommt. Deshalb liegt der ideale Bearbeitungsanfangszeitpunkt von
Auftrag $\sigma_3(1)$ nach dem Zeitpunkt, zu dem die Bearbeitung des letzten Auftrags
der vorangehenden Reihenfolge an der ersten Station des Hauptbandes endet. Der
erste Auftrag der Reihenfolge σ_1 kommt zum Zeitpunkt $IdBEZ^{(1)}_{\sigma_1(1),m_1} + MaxUbhg$
am Zwischenlager 1 an. Da bei beiden Vorbändern die Taktzeit und die Stations-
zahl identisch sind, kommt auch der erste Auftrag der Reihenfolge σ_2 zu dem-
selben Zeitpunkt am Zwischenlager 2 an. Wegen (3.8) ist dieser Zeitpunkt mit

$T \cdot m_1 + MaxUbhg$ identisch. Die beiden ersten Aufträge der Reihenfolgen σ_1 und σ_2 warten ab diesem Zeitpunkt v Taktzeiten, bis die jeweils letzten zwei Halbfertigfabrikate der vorangehenden Reihenfolge die Zwischenläger verlassen. Der erste Auftrag der neuen Reihenfolge kann deshalb erst nach diesem Zeitpunkt auf das Hauptband gelegt werden und erreicht dann wegen des Bandvorlaufes vor Band 3 nach $MaxUbhg$ Sekunden den Anfang der ersten Station. Deshalb ist auch

$$(5.2) \quad IdBAZ^{(3)}_{\sigma_3(1),1} \;\geq\; T \cdot m_1 + MaxUbhg \;+\; v \cdot T + MaxUbhg$$

$$= \; T \cdot (m_1 + v) + 2 \cdot MaxUbhg$$

zu beachten. Wegen (5.1) und (5.2) ist der ideale Bearbeitungsanfangszeitpunkt des ersten Auftrags an der ersten Station des Hauptbandes durch

$$(5.3) \quad IdBAZ^{(3)}_{\sigma_3(1),1} :=$$

$$max\left\{ IdBEZ^{(1)}_{\sigma_3(1),m_1} \;;\; IdBEZ^{(2)}_{\sigma_3(1),m_2} \;;\; T \cdot (m_1 + v) \right\} + 2 \cdot MaxUbhg$$

definiert.

Die idealen Bearbeitungsanfangszeitpunkte der restlichen Aufträge werden für die erste Station des Hauptbandes ähnlich berechnet. Auch für die Aufträge $\sigma_3(2), \ldots, \sigma_3(n)$ müssen jeweils die beiden erforderlichen Halbfertigfabrikate verfügbar sein. Deshalb fordert man analog zu (5.1)

$$(5.4) \quad IdBAZ^{(3)}_{\sigma_3(i),1} \geq max\left\{ IdBEZ^{(1)}_{\sigma_3(i),m_1} \;;\; IdBEZ^{(2)}_{\sigma_3(i),m_2} \right\} + 2 \cdot MaxUbhg,$$

$$(i = 2, \ldots, n).$$

Der ideale Bearbeitungsanfangszeitpunkt von Auftrag $\sigma_3(i)$ liegt darüber hinaus mindestens eine Taktzeit nach der des vorangehenden Auftrags. Demzufolge gilt

$$(5.5) \quad IdBAZ^{(3)}_{\sigma_3(i),1} \geq IdBAZ^{(3)}_{\sigma_3(i-1),1} + T, \qquad\qquad (i = 2, \ldots, n).$$

Wegen (5.4) und (5.5) definiert man schließlich

$$(5.6) \quad IdBAZ^{(3)}_{\sigma_3(i),1} :=$$

$$max\left\{max\left\{IdBEZ^{(1)}_{\sigma_3(i),m_1}; IdBEZ^{(2)}_{\sigma_3(i),m_2}\right\} + 2 \cdot MaxUbhg \; ; \; IdBAZ^{(3)}_{\sigma_3(i-1),1} + T\right\},$$

$$(i = 2,\ldots,n).$$

Damit sind für die erste Station des Hauptbandes die idealen Bearbeitungsanfangs-zeitpunkte aller Aufträge definiert. Die restlichen idealen Bearbeitungsanfangszeit-punkte sind gemäß der folgenden Definition auf Grundlage der idealen Bearbei-tungsanfangszeitpunkte an der ersten Station rekursiv zu berechnen:

$$(5.7) \quad IdBAZ^{(3)}_{\sigma_3(i),s} := IdBAZ^{(3)}_{\sigma_3(i-1),s} + T, \qquad (i = 2,\ldots,n \; ; \; s = 2,\ldots,m_3).$$

Die idealen Bearbeitungsendzeitpunkte ergeben sich aus den jeweiligen idealen Bearbeitungsanfangszeitpunkten durch Addition einer Taktzeit:

$$(5.8) \quad IdBEZ^{(3)}_{\sigma_3(i),s} := IdBAZ^{(3)}_{\sigma_3(i),s} + T, \qquad (i = 1,\ldots,n \; ; \; s = 1,\ldots,m_3).$$

Die Zeitrechnung für Band 3 unterscheidet sich von der unabhängiger Fließbänder nur aufgrund der zusätzlichen Bedingung, daß zur Bearbeitung eines Auftrags die zwei zu diesem Auftrag gehörenden Halbfertigfabrikate in den Zwischenlägern verfügbar sein müssen. Die Verfügbarkeitszeitpunkte der Halbfertigfabrikate sind aufgrund von (5.3) und (5.6) bereits in den idealen Bearbeitungsanfangszeitpunk-ten der ersten Station enthalten. Da die Zeitrechnung unabhängiger Fließbänder im wesentlichen auf den idealen Bearbeitungsanfangszeitpunkten basiert, ist die Zeit-rechnung für das Hauptband gegenüber Abschnitt 3.2.2 nur geringfügig zu ändern.

(Tatsächliche) Bearbeitungsanfangszeitpunkte

Der Bearbeitungsanfangszeitpunkt des ersten Auftrags stimmt bei unabhängigen Fließbändern und somit auch bei Vorband 1 und 2 an der ersten Station mit dem idealen überein, d.h. die Bearbeitung beginnt zum Zeitpunkt 0. Hierbei wird der genaue Bearbeitungsendzeitpunkt des letzten Auftrags der vorangehenden Reihen-folge vernachlässigt. Entsprechend soll auch die Bearbeitung von Auftrag $\sigma_3(1)$ an der ersten Station des Hauptbandes zu seinem idealen Bearbeitungsanfangszeit-punkt beginnen; man definiert also

$$(5.9) \quad BAZ^{(3)}_{\sigma_3(1),1} := IdBAZ^{(3)}_{\sigma_3(1),1} \; .$$

Für die verbleibenden Bearbeitungsanfangszeitpunkte gilt gemäß (3.10)

$$(5.10) \quad BAZ^{(3)}_{\sigma_3(i),1} := max\,\{BEZ^{(3)}_{\sigma_3(i-1),1} \; ; \; IdBAZ^{(3)}_{\sigma_3(i),1} - MaxUbhg\},$$

$$(i = 2,\ldots,n).$$

Die Bearbeitungsanfangszeitpunkte an den Stationen $2,\ldots,m_3$ werden wie in (3.14) durch

$$(5.11) \quad BAZ^{(3)}_{\sigma_3(1),s} := max\,\{BEZ^{(3)}_{\sigma_3(1),s-1} \; ; \; IdBAZ^{(3)}_{\sigma_3(1),s} - MaxUbhg\},$$

$$(s = 2,\ldots,m_3)$$

und analog zu (3.15) durch

$$(5.12) \quad BAZ^{(3)}_{\sigma_3(i),s} := max\,\{BEZ^{(3)}_{\sigma_3(i),s-1} \; ; \; BEZ^{(3)}_{\sigma_3(i-1),s} \; ; \; IdBAZ^{(3)}_{\sigma_3(i),s} - MaxUbhg\},$$

$$(i = 2,\ldots,n \; ; \; s = 2,\ldots,m_3)$$

definiert.

Bearbeitungsendzeitpunkte

Genau wie bei unabhängigen Fließbändern ergreifen die Fließbandarbeiter auch auf dem Endmontageband Maßnahmen, um positive Überhänge zu reduzieren. Hierbei gelten die gleichen Annahmen und Überlegungen wie in Abschnitt 3.2.2, so daß die tatsächlichen Bearbeitungsendzeitpunkte auf dem Hauptband analog zu (3.17) in Verbindung mit (3.23) zu berechnen sind.

Die Zeitrechnung für das Endmontageband ist damit vollständig beschrieben, so daß darauf aufbauend im nächsten Abschnitt die Bewertungskriterien definiert werden können.

5.3.3 Mathematische Formulierung der Bewertungskriterien

Die Zielsetzung der Reihenfolgeplanung besteht bei abhängigen Fließbändern darin, Reihenfolgen zu ermitteln, bei denen die Summe der Überhänge und Leerzeiten auf allen Bändern minimal ist und auf Band 3 keine Bandleerläufe entstehen. Für den mit Simulation durchzuführenden Vergleich der verschiedenen Optimierungsverfahren werden zunächst die beiden Bewertungskriterien definiert.

Die Summe der positiven Überhänge ergibt sich analog zu (3.24) und (3.25) aus

$$(5.13) \qquad Ubhg := \sum_{b=1}^{3} \sum_{i=1}^{n} \sum_{s=1}^{m_b} max\left\{ 0 \; ; \; BAZ^{(b)}_{\sigma_b(i),s} + BZ^{(b)}_{\sigma_b(i),s} - IdBEZ^{(b)}_{\sigma_b(i),s} \right\}.$$

Die Summe der Leerzeiten aller Stationen ist entsprechend zu (3.26) und (3.27) durch

$$(5.14) \qquad LZ := \sum_{b=1}^{3} \sum_{i=2}^{n} \sum_{s=1}^{m_b} BAZ^{(b)}_{\sigma_b(i),s} - BEZ^{(b)}_{\sigma_b(i-1),s}$$

gegeben.

Die Summen der Überhänge und Leerzeiten sollen unter der Nebenbedingung, daß auf Band 3 keine Bandleerläufe entstehen, minimiert werden. Um diese Nebenbedingung überprüfen zu können, berechnet das Simulationsprogramm die Anzahl BL der Bandleerläufe. Hierbei ist zuerst die Anzahl BL_0 der Bandleerläufe zu ermitteln, die zwischen dem letzten Auftrag der vorangehenden und dem ersten Auftrag der neuen Reihenfolge σ_3 entstehen. Der letzte Auftrag der vorangehenden Reihenfolge wird gemäß (5.2) zum Zeitpunkt $T \cdot (m_1 + v) + MaxUbhg$ auf Band 3 gelegt und erreicht wegen des Bandvorlaufes nach zusätzlichen $MaxUbhg$ Zeiteinheiten den Anfang der ersten Station. Deshalb werden auf Band 3 vor dem ersten Auftrag der neuen Reihenfolge an

$$(5.15) \qquad BL_0 := \frac{IdBAZ^{(3)}_{\sigma_3(1),1} - \{ T \cdot (m_1 + v) + 2 \cdot MaxUbhg \}}{T}$$

Taktzeiten keine Aufträge bearbeitet. Die Anzahl der Bandleerläufe zwischen den Aufträgen $\sigma_3(i + 1)$ und $\sigma_3(i)$ resultieren aus

$$(5.16) \qquad BL_i := \frac{IdBAZ^{(3)}_{\sigma_3(i+1),1} - T - IdBAZ^{(3)}_{\sigma_3(i),1}}{T} , \qquad (i = 1, \dots, n - 1).$$

Die Anzahl aller Bandleerläufe ist folglich mit

$$(5.17) \qquad BL := \sum_{i=0}^{n-1} BL_i$$

zu berechnen.

5.4 Optimierungsverfahren für abhängige Fließbänder

Optimierungsverfahren für die Reihenfolgeplanung bei abhängigen Fließbändern werden in zwei Gruppen eingeteilt. Zu unterscheiden sind Verfahren, bei denen die Auftragsfolgen auf allen drei Fließbändern identisch sind, von solchen, die beliebige Auftragsfolgen zulassen. Bei identischen Reihenfolgen können keine Bandleerläufe entstehen. Diese Verfahren müssen die Auftragsfolgen nicht synchronisieren. Deshalb werden sie im weiteren als **nicht synchronisierende** und die, die beliebige Reihenfolgen ermöglichen, als **synchronisierende Verfahren** bezeichnet. Synchronisierende Verfahren können die Auftragsfolgen an die jeweilige Fließbandkonfiguration anpassen. Aus diesem Grund ist zu erwarten, daß i.a. aus unterschiedlichen Reihenfolgen insgesamt weniger Überhänge und Leerzeiten als bei identischen resultieren. Verschiedene Reihenfolgen sind jedoch nur dann denkbar, wenn nach jedem Vorband ein Zwischenlager zur Synchronisation der Auftragsfolgen vorhanden ist.

5.4.1 Nicht synchronisierende Verfahren

Wenn die Aufträge auf allen Fließbändern in der gleichen Reihenfolge zu bearbeiten sind, stimmt das Optimierungsproblem abhängiger Fließbänder mit dem unabhängiger überein. Aus der Sicht des Optimierungsverfahrens ist es nämlich unerheblich, ob die Aufträge die beiden Vorbänder gleichzeitig oder zeitlich nacheinander passieren. Für die Optimierung werden deshalb die drei abhängigen Fließbänder nicht separat, sondern zusammen als ein unabhängiges Fließband mit $m_1 + m_2 + m_3$ Stationen betrachtet. Auf diese Weise läßt sich die Reihenfolgeplanung mit Hilfe der in Kapitel 3 beschriebenen Heuristik durchführen. Hierzu ist lediglich die Distanzfunktion (3.37) wie folgt zu erweitern:

$$(5.18) \qquad d_{ij} = \sum_{b=1}^{3} \sum_{s=1}^{m_b} |\, BZ_{i,s}^{(b)} + BZ_{j,s}^{(b)} - 2\,T \,|, \qquad\qquad (i, j = 1, \ldots, n \,;\, i \neq j).$$

Aus der Analyse der Heuristik in Kapitel 4 wurde deutlich, daß der Wirkungsgrad mit zunehmender Stationszahl sinkt. Demzufolge kann nur dann ein hoher Wirkungsgrad erzielt werden, wenn die drei Fließbänder insgesamt nicht zu viele Stationen umfassen.

5.4.2 Synchronisierende Verfahren

Die bei unterschiedlichen Reihenfolgen erforderliche Synchronisation erhöht die Komplexität des zugrundeliegenden Reihenfolgeproblems erheblich. Da für die Reihenfolgeplanung bei Fließbandfertigung in dem vorliegenden Kontext kein anderes Verfahren als die in Kapitel 3 beschriebene Heuristik bekannt ist, muß die Synchronisation der Auftragsfolgen in diese Heuristik integriert werden. Dies bedeutet, daß das Verfahren neben der Minimierung der Summe der Überhänge und Leerzeiten auch die Einhaltung der Nebenbedingung "keine Bandleerläufe" zu beachten hat. Diese Nebenbedingung bereitet insofern Schwierigkeiten, da Bandleerläufe bereits dann entstehen können, wenn sich die Auftragsfolgen nur geringfügig unterscheiden. Diesen Sachverhalt verdeutlicht das folgende Beispiel. Es sei angenommen, daß 5 Aufträge auf den drei Fließbändern in den Permutationen $\sigma_1 = (1, 2, 3, 4, 5)$ auf Vorband 1, $\sigma_2 = (5, 2, 3, 4, 1)$ auf Vorband 2 und $\sigma_3 = (1, 2, 3, 4, 5)$ auf dem Hauptband zu bearbeiten sind. Die Permutation auf Vorband 2 unterscheidet sich von den beiden anderen nur dadurch, daß die Positionen der Aufträge 1 und 5 vertauscht sind. Wenn die Vorbänder gegenüber dem Hauptband ohne Vorlaufzeit arbeiten, entstehen auf dem Hauptband 4 Bandleerläufe, da sich das für Auftrag 1 erforderliche Halbfertigfabrikat von Vorband 2 gegenüber dem von Vorband 1 um 4 Taktzeiten verspätet. Bei einer Vorlaufzeit in Höhe von 4 Taktzeiten entstehen keine Bandleerläufe mehr, da bis zur Fertigstellung des verspäteten Halbfertigfabrikats die 4 letzten Aufträge der vorangehenden Reihenfolge auf dem Hauptband bearbeitet werden. Dieses Beispiel verdeutlicht, daß nur sehr "ähnliche" Permutationen Bandleerläufe ausschließen. Wie ähnlich die Permutationen sind, hängt hierbei von der Höhe der Vorlaufzeit ab. Darüber hinaus zeigt das vorangehende Beispiel, daß bei Bandleerläufen die Einhaltung der maximalen Kapazität der Zwischenläger nicht mehr garantiert werden kann. Unabhängig von der Vorlaufzeit ist beim obigen Beispiel für beide Zwischenläger eine Lagerkapazität von 4 Aufträgen erforderlich.

Die zusätzlichen Parameter Vorlaufzeit, maximale Lagerkapazität und Ähnlichkeit der Permutationen können in dem Verfahren aus Kapitel 3 nicht explizit berücksichtigt werden. Die im folgenden beschriebenen Optimierungsverfahren versuchen deshalb Bandleerläufe durch besondere Vorgehensweisen und Maßnahmen zu verhindern oder zu minimieren. Nicht alle Verfahren schließen mit Sicherheit die Entstehung von Bandleerläufen aus.

Im folgenden werden die drei Optimierungsverfahren

- Positionsindizes sowie

- Paketbildung und

- Minimierung der Bandleerläufe

vorgestellt.

Positionsindizes

Das vorangehende Beispiel machte deutlich, daß nur sehr ähnliche Reihenfolgen Bandleerläufe verhindern. Im vorliegenden Kontext sind die drei Reihenfolgen dann ähnlich zueinander, wenn aufgrund der gegebenen Vorlaufzeit keine Bandleerläufe entstehen. Sie werden um so unwahrscheinlicher, je weniger die Positionen der Aufträge in den drei Reihenfolgen voneinander abweichen. Wenn also ein Auftrag in der einen Reihenfolge eine vordere, mittlere oder hintere Position einnimmt, dann muß er auch in der anderen Reihenfolge an einer vorderen, mittleren bzw. hinteren Position stehen. Beim obigen Beispiel entstehen 4 Bandleerläufe, weil die Aufträge 1 und 5 diese Bedingung nicht erfüllen. Damit das 2–Opt–Verfahren Reihenfolgen generiert, die dieser Bedingung genügen, muß die Distanzfunktion die Position der Aufträge in den jeweils anderen Reihenfolgen berücksichtigen. Das folgende Verfahren basiert auf dieser Überlegung. Zunächst wird nur eines der drei Fließbänder optimiert. Für die Optimierung der beiden anderen wird die Distanzfunktion um einen **Positionsindex** erweitert. Dieser Positionsindex erhöht den Distanzwert d_{ij} mit zunehmendem Abstand von Auftrag i zu Auftrag j in der zuvor optimierten Reihenfolge σ_{b^*}. Die um einen Positionsindex erweiterte Distanzfunktion (3.37) lautet deshalb

$$(5.19) \qquad d_{ij} = \sum_{s=1}^{m_b} \mid BZ_{i,s}^{(b)} + BZ_{j,s}^{(b)} - 2\,T \mid \; + \; Abstand_{\sigma_{b^*}}(i,j) \cdot g \,,$$

$$(i,j = 1,\ldots,n \; ; \; i \neq j \; ; \; b \neq b^* \; ; \; g \in I\!R \; ; \; g \geq 0 \text{ und konstant}),$$

wobei $Abstand_{\sigma_{b^*}}(i,j) \in \{1,\ldots,n-1\}$ den Abstand der Aufträge i und j in der zuerst optimierten Reihenfolge σ_{b^*} bezeichnet und durch

$$(5.20) \qquad Abstand_{\sigma_{b^*}}(i,j) := \mid Position_{\sigma_{b^*}}(i) - Position_{\sigma_{b^*}}(j) \mid \, ,$$

$$(i, j = 1, \ldots, n \; ; \; i \neq j)$$

definiert ist. Hierbei gibt $Position_{\sigma_{b^*}}(i)$ die Position von Auftrag i in der zuvor optimierten Reihenfolge σ_{b^*} an.

Durch die Positionsindizes wird die Nebenbedingung "ähnliche Reihenfolgen", und damit gleichbedeutend "keine Bandleerläufe", in die Zielfunktion des Traveling–Salesman–Problems integriert, so daß mit der Minimierung der Distanzen gleich zwei Zielsetzungen verfolgt werden. Bereits Abschnitt 5.2 weist darauf hin, daß die Ziele "Minimierung der Überhangssumme" und "keine Bandleerläufe" i.a. konkurrierend sind. Für die Bewertung der Reihenfolgen muß deshalb in bezug auf die Gewichtung beider Zielsetzungen ein Kompromiß gefunden werden, so daß einerseits keine Bandleerläufe und andererseits nur wenig Überhänge und Leerzeiten entstehen. Diese Gewichtung erfolgt durch den Parameter g der Distanzfunktion (5.19). Der optimale Wert dieses Parameters ist im voraus nicht bekannt und muß deshalb mit der "trial–and–error–Methode" ermittelt werden. Dies bedeutet, daß nachdem die erste Reihenfolge ohne Positionsindizes optimiert wurde, die Optimierung der Auftragsfolgen der beiden anderen Fließbänder mit steigenden Werten für g solange zu wiederholen ist, bis keine Bandleerläufe mehr entstehen. Simulationsergebnisse machten hierbei deutlich, daß aus zu kleinen g–Werten erwartungsgemäß geringe Überhangssummen, dafür aber zahlreiche Bandleerläufe resultieren. Bei zu starker Gewichtung des Positionsindex resultieren drei identische Reihenfolgen. Der optimale Gewichtungsfaktor hängt hierbei von der Anzahl der Aufträge und Stationen sowie den Bearbeitungszeiten ab und muß deshalb für jeden Optimierungslauf neu bestimmt werden. Gute Ergebnisse wurden mit solchen g–Werten erzielt, die ein Bruchteil des Mittelwertes der Distanzen ohne Positionsindizes betragen. Man berechnet also zunächst die Distanzen nach (3.37), bildet daraus den Mittelwert und optimiert dann nacheinander die Reihenfolgen des zweiten und dritten Bandes, wobei als g–Werte $\frac{1}{100}$, $\frac{1}{50}$ usw. des zuvor berechneten Mittelwertes verwendet werden. Der Iterationsprozeß endet, wenn unter Beachtung des Vorlaufs von Band 1 und 2 keine Bandleerläufe mehr entstehen.

Paketbildung

Das Verfahren der Paketbildung optimiert wie der vorangehende Ansatz die Auftragsfolge zunächst nur für eines der drei Fließbänder mit Hilfe der Heuristik aus

Kapitel 3. Danach wird die optimierte Reihenfolge gedanklich so aufgeteilt, daß immer p aufeinanderfolgende Aufträge ein Paket bilden. Die Pakete gehen in der gleichen Reihenfolge auf die beiden anderen Fließbänder. Eine Veränderung der Auftragsfolge zur Minimierung der Überhänge und Leerzeiten ist nur innerhalb der Pakete möglich. Die Pakete werden wiederum mit der Heuristik aus Kapitel 3 optimiert.

Damit bei der Paketbildung keine Bandleerläufe entstehen können, muß die Vorlaufzeit der beiden Vorbänder mindestens p Taktzeiten betragen. Darüber hinaus darf die Paketgröße die maximale Lagerkapazität der Zwischenläger nicht überschreiten. Mit steigender Paketgröße können sich immer mehr Aufträge überholen, und somit lassen sich die Reihenfolgen zunehmend besser an die einzelnen Fließbänder anpassen. Deshalb steigt der Wirkungsgrad dieser Vorgehensweise mit der Paketgröße an. Der Nachteil der Paketbildung besteht darin, daß sich Aufträge aufeinanderfolgender Pakete nicht überholen dürfen. Es werden also bei weitem nicht alle denkbaren Überholungsmöglichkeiten berücksichtigt.

Minimierung der Bandleerläufe

Die folgende Vorgehensweise optimiert zunächst die Auftragsfolgen für beide Vorbänder jeweils isoliert mit Hilfe der Heuristik aus Kapitel 3. Beide Reihenfolgen werden also ohne Beachtung der Situation an den jeweils anderen Fließbändern berechnet. Bei der Ermittlung der Reihenfolge auf dem Hauptband steht nicht die Minimierung der Überhänge und Leerzeiten, sondern die der Bandleerläufe im Vordergrund. Deshalb wird mit Ablauf jeder Taktzeit in den Zwischenlägern nach zueinander gehörenden Halbfertigfabrikaten gesucht. Sobald zwei passende Halbfertigfabrikate in den Zwischenlägern verfügbar sind, werden sie sofort auf das Hauptband gelegt, ohne auf Überhänge und Leerzeiten zu achten. Wenn nach einer Taktzeit mehrere Paare von zueinander gehörenden Halbfertigfabrikaten vor dem Hauptband lagern, wird der Auftrag als nächster auf das Hauptband genommen, der hinsichtlich der Überhänge und Leerzeiten am besten zu dem vorangehenden Auftrag paßt. Man wählt also den Auftrag aus, der mit dem vorangehenden gemäß (3.37) den geringsten Distanzwert bildet.

Bei dieser Vorgehensweise sind Bandleerläufe nicht ausgeschlossen, da nicht mit Sicherheit nach jeder Taktzeit wenigstens zwei passende Halbfertigfabrikate verfügbar sind. Nur bei einer ausreichend hohen Vorlaufzeit ist zu erwarten, daß keine oder zumindest nur wenig Bandleerläufe auftreten. Wenn Bandleerläufe entstehen, wiederholt man das Verfahren, wobei dann ein Vorband mit Positionsindizes optimiert wird, damit die Reihenfolgen der Vorbänder "ähnlicher" werden.

5.4.3 Vergleich der Wirkungsgrade

Die in den beiden vorangehenden Abschnitten vorgestellten Verfahren zur Optimierung der Auftragsfolgen bei abhängigen Fließbändern werden im folgenden unter Verwendung der Simulation hinsichtlich ihrer Wirkungsgrade verglichen. Die Vorgehensweise stimmt hierbei mit der von Abschnitt 4.3 überein. Dies bedeutet, daß pro Simulationsteillauf für jedes Fließband n neue Aufträge, d.h. andere Bearbeitungszeiten zu generieren sind. In jedem Teillauf ermittelt das Programm zunächst eine zufällige Reihenfolge, in der die Aufträge auf allen drei Fließbändern bearbeitet werden. Danach generiert das Simulationsprogramm mit den zuvor erläuterten Verfahren optimierte Reihenfolgen und berechnet jeweils deren Verbesserungen gegenüber der zufälligen Auftragsfolge. Hierbei wurde für alle Fließbänder die gleiche Konfiguration $(n, m, T, MaxUbhg, MPL) = (100, 10, 300, 0.30, 0.10)$ (vgl. Abschnitt 3.2.1) gewählt. Die drei Bänder unterscheiden sich somit nur in den Bearbeitungszeiten der Aufträge. Der Zufallsgenerator ermittelte gleichmäßig streuende Bearbeitungszeiten mit 5 % Nullwerten.

Tabelle 5.1 zeigt die durchschnittlichen prozentualen Verbesserungen, die bei den einzelnen Verfahren mit der zuvor beschriebenen Vorgehensweise und der genannten Fließbandkonfiguration erzielt wurden. Die Verfahren sind hierbei wie folgt abgekürzt:

V1 : Nicht synchronisierendes Verfahren (identische Reihenfolgen auf allen drei Bändern).

V2 : Optimierung mit Positionsindizes

V3 : Minimierung der Bandleerläufe **ohne** Positionsindizes

V4 : Minimierung der Bandleerläufe **mit** Positionsindizes

V5 : Isolierte Optimierung ohne Synchronisation

Beim Verfahren V1 werden die drei abhängigen Fließbänder zu einem unabhängigen zusammengefaßt und gemäß der Distanzfunktion (5.18), wie in Abschnitt 5.4.1 erläutert, mit der Heuristik aus Kapitel 3 optimiert. Das zweite Verfahren optimiert zunächst die Auftragsfolge für ein Vorband. Die Berechnung der beiden anderen Permutationen erfolgt mit Hilfe der um Positionsindizes erweiterten Distanzfunktion (5.19). Der Vergleich von V3 mit V4 soll die Wirkung der Positionsindizes in Verbindung mit dem Verfahren "Minimierung der Bandleerläufe" verdeutlichen. Während V3 die drei Auftragsfolgen wie in Abschnitt 5.4.2 beschrieben ermittelt, wird bei V4 nur ein Vorband isoliert und das andere mit Positionsindizes optimiert. V5 generiert die drei Reihenfolgen ohne Synchronisationsmaßnahmen, d.h. ohne Rücksicht auf Bandleerläufe. Auf diese Weise wird der mit der Heuristik maximal erzielbare Wirkungsgrad hinsichtlich der Minimierung der Überhänge und Leerzeiten erreicht. Dadurch läßt sich erkennen, um wieviel die Wirkungsgrade der anderen Verfahren vom bestmöglichen abweichen.

Neben den durchschnittlichen prozentualen Verbesserungen der Summe der Überhänge und der Leerzeiten zeigt Tabelle 5.1 für alle Verfahren auch die durchschnittliche und die maximale Anzahl an Bandleerläufen, jeweils kurz mit "Durch. BL" und "Max. BL" bezeichnet. Die Simulationsergebnisse basieren auf einer Vorlaufzeit von 0 Taktzeiten.

Verfahren	:	V1	V2	V3	V4	V5
Ubhg	:	18	13	23	13	27
LZ	:	8	-3	-54	2	-96
Durch. BL	:	0	5	27	2	92
Max. BL	:	0	13	30	4	99

Tabelle 5.1   Durchschnittliche prozentuale Verbesserungen
der Verfahren zur Optimierung der Auftragsfolgen bei abhängigen Fließbändern

Erwartungsgemäß minimiert Verfahren V5 die Summe der Überhänge am deutlichsten. Da bei dieser Vorgehensweise die Auftragsfolgen nicht synchronisiert werden, entstehen viele Bandleerläufe, die zusätzliche Leerzeiten auf dem Hauptband verursachen. Deshalb erhöht dieses Verfahren die Summe der Leerzeiten gegenüber zufälligen Auftragsfolgen durchschnittlich um 96 %.

Für den hohen Wirkungsgrad von V3 müssen ebenfalls zahlreiche Bandleerläufe in Kauf genommen werden, so daß diese Vorgehensweise nur bei großen Zwischenlägern in Verbindung mit einer entsprechend hohen Vorlaufzeit möglich ist. Die Simulationsergebnisse zeigen jedoch, daß durch die Minimierung der Bandleerläufe deren maximale Anzahl gegenüber V5 beträchtlich reduziert wird. Durch die Verwendung von Positionsindizes bei V4 entstehen im Vergleich zu V3 wesentlich weniger Bandleerläufe. Dafür sinkt aber auch der Wirkungsgrad von 23 auf 13 %.

Ein überraschend gutes Ergebnis erzielt das erste Verfahren, das für alle drei Fließbänder identische Reihenfolgen vorgibt und deshalb ohne Bandleerläufe auskommt. Der Wirkungsgrad ist höher als bei den auf Positionsindizes basierenden Verfahren V2 und V4, die jeweils unterschiedliche Reihenfolgen zulassen.

Die Paketbildung wurde anhand der gleichen Fließbandkonfiguration wie zuvor in einer gesonderten Simulation analysiert, da bei diesem Verfahren der Wirkungsgrad von der Vorlaufzeit und, damit gleichbedeutend, der Paketgröße abhängt. Tabelle 5.2 zeigt den Wirkungsgrad der Paketbildung bei steigender Paketgröße.

Paketgröße	:	0	5	10	20	30	40
Ubhg	:	8	12	16	19	21	23
LZ	:	4	5	7	9	9	10
Durch. BL	:	0	0	0	0	0	0
Max. BL	:	0	0	0	0	0	0

Tabelle 5.2   Durchschnittliche prozentuale
Verbesserungen bei Paketbildung

Die Ergebnisse der Tabelle 5.2 zeigen, daß die paketweise Optimierung bei der vorliegenden Fließbandkonfiguration erst ab einer Paketgröße von ca. 20 Aufträgen bessere Ergebnisse liefert als das Verfahren V1 der Tabelle 5.1, dessen Reihenfolgen ebenfalls keine Bandleerläufe verursachen.

Die Ergebnisse der zuvor beschriebenen Simulationen verdeutlichen nochmals die grundlegende Problematik der Reihenfolgeplanung bei abhängigen Fließbändern. Die beiden Zielsetzungen "gleichmäßige Auslastung" und "keine Bandleerläufe" sind konkurrierend, so daß nur Kompromißlösungen denkbar sind. Bei den Verfahren, die hinsichtlich den Überhängen einen hohen Wirkungsgrad besitzen, resultieren zu viele Bandleerläufe. Dagegen werden in bezug auf die Überhänge nur suboptimale Lösungen generiert, wenn keine oder nur wenig Bandleerläufe entstehen. Da die Überhänge dennoch beachtlich reduziert werden können, empfiehlt sich auch bei abhängigen Fließbändern die Optimierung der Reihenfolgen nach einem der zuvor beschriebenen Verfahren. Hierbei entscheidet wohl der konkrete Anwendungsfall, insbesondere die Kapazität der Zwischenläger, welches Verfahren die besten Ergebnisse liefert.

Kapitel 6

Abschließende Bemerkungen

Die vorliegende Arbeit machte deutlich, daß bei Fließbandfertigung im Gegensatz zu anderen Reihenfolgeproblemen nicht die Minimierung der Gesamtdurchlaufzeit, sondern die gleichmäßige Auslastung der Bearbeitungsstationen die primäre Zielsetzung darstellt. Die Gleichmäßigkeit der Auslastung kann durch die Summe der positiven Überhänge zusammen mit der Summe der Leerzeiten bewertet werden. Mit der im dritten Kapitel beschriebenen Heuristik wurde ein effizientes Verfahren zur Glättung der Kapazitätsauslastung vorgestellt, für das aufgrund der kurzen Laufzeiten und des relativ geringen Speicherplatzbedarfs auch bei realen Anwendungen bereits ein Personal Computer ausreichend ist. Die Analyse der Qualität der Heuristik ergab, daß die verwendete Distanzfunktion nahezu optimale Eigenschaften besitzt. In Verbindung mit der betrachteten Konstellation bei abhängigen Fließbändern hat sich gezeigt, daß das heuristische Verfahren an komplexere Problemstellungen angepaßt werden kann. Aus der Analyse des Wirkungsgrades ging hervor, daß sich die Überhänge und Leerzeiten z.T. erheblich reduzieren lassen.

Die vorangehenden Ausführungen und die Simulationsergebnisse rechtfertigen den Einsatz des heuristischen Verfahrens für reale Anwendungen. Der tatsächliche Wirkungsgrad kann jedoch nur durch eine umfassende, empirische Studie ermittelt werden. Allein mit Simulation läßt sich wohl kaum vorhersagen, um wieviel sich die Produktionskosten und die Fehlerrate mit Hilfe der Reihenfolgeplanung tatsächlich reduzieren lassen, und ob eine gleichmäßigere Auslastung eine höhere Arbeitszufriedenheit der Fließbandarbeiter bewirkt.

Abschließend erfolgt nun eine modelltheoretische Betrachtung des Modellierungsvorganges, der zu dem heuristischen Verfahren des dritten Kapitels führte. Hierzu

betrachten wir zunächst die allgemeine Struktur eines Modellbildungsprozesses
(siehe SCHNEEWEISS 1989, Seite 83 ff).

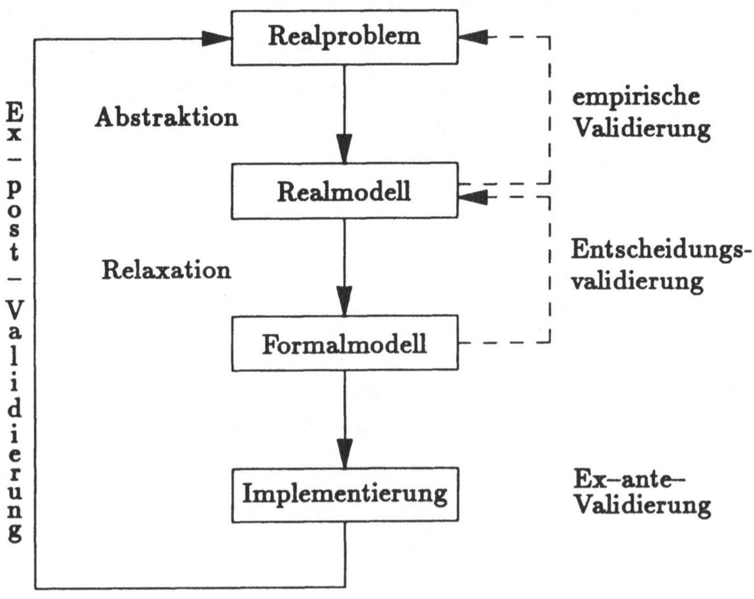

Abbildung 6.1:   Prozeß der Modellbildung
                  (aus SCHNEEWEISS 1989, Seite 84)

Ausgehend von einer konkret vorliegenden realen Problemstellung (**Realproblem**)
gewinnt man im Rahmen einer Voranalyse durch den Vorgang der **Abstraktion** ein
Realmodell, das das zu lösende Planungsproblem in Form einer Bildstruktur in
Verbindung mit allen relevanten Daten, Informationen und (kausalen) Beziehungen
beschreibt (vgl. SCHNEEWEISS 1984, Seite 484). Das Realmodell ist in der Regel
sehr komplex und nur unzureichend formalisierbar, so daß es einer mathematischen
Lösung häufig nicht zugänglich ist. Deshalb wird im Rahmen einer Relaxation aus
dem Real- ein untergeordnetes und mathematisch besser greifbares **Formalmodell**
abgeleitet. Dies erreicht man, indem bestimmte Anforderungen oder Restriktionen
des Realmodells abgeschwächt, modifziert oder gar weggelassen werden. Es ist sogar denkbar, daß die Zielfunktion des Realmodells durch eine andere ersetzt wird.
Falls das Formalmodell immer noch nicht ausreichend relaxiert und deshalb nicht
lösbar ist, kann der Modellierende das Formalmodell auf weitere Untermodelle ab-
bilden. Es entsteht eine Ober–Untermodell–Kette auf deren obersten Ebene das
Realmodell und auf der untersten Ebene der **Entscheidungsgenerator** steht. Als

Entscheidungsgenerator wird also das Untermodell bezeichnet, das letztlich zu einer konkreten Lösung führt. Die so gewonnene Lösung soll natürlich gleichzeitig Lösung des Realmodells und somit auch des Realproblems sein. Hinsichtlich der Relaxationsvorgänge und dem Aufbau der Modellhierarchie besitzt der Modellierende sämtliche Freiheiten. Demzufolge können durchaus mehrere, vielleicht sogar unendlich viele Formal- und weitere Untermodelle existieren. Eine Einschränkung erfolgt nur dadurch, daß der Entscheidungsgenerator eine zulässige und optimale oder zumindest gute Lösung für das eigentlich interessierende Realproblem garantieren muß.

Aufgrund der z.T. einschneidenden Relaxationen ist eine Validierung der einzelnen Modelle anhand der jeweils übergeordneten Modelle unbedingt erforderlich. Schneeweiß bezeichnet die Überprüfung des Realmodells an der Realität als **empirische Validierung**, da hierbei einzelne, empirisch gehaltvolle Hypothesen dahingehend analysiert werden, ob sie das Realproblem korrekt beschreiben. Die Überprüfung der Lösungen des Formalmodells anhand des Realmodells wird als **Entscheidungsvalidierung** bezeichnet (vgl. Abbildung 6.1). Hierbei sind die vom Entscheidungsgenerator ermittelten Lösungen hinsichtlich Zulässigkeit und Optimalität am Realmodell zu untersuchen.

Die Überprüfung der generierten Lösungen anhand des realen Problems erfolgt als **Ex—post—Validierung**. Die empirische und die Entscheidungsvalidierung liegen vor einer Implementierung und werden deshalb als **Ex—ante—Validierungen** bezeichnet.

Im folgenden wird der Modellbildungsprozeß, der auf die Heuristik aus Kapitel 3 führte, mit den zuvor beschriebenen Phasen der allgemeinen Struktur eines Modellbildungsprozesses identifiziert. Das real vorliegende Problem besteht darin, daß bei einem Fließband mit Variantenfertigung die Stationen ungleichmäßig ausgelastet sind. Die hieraus resultierenden Nachteile wurden bereits in Abschnitt 2.3.4 diskutiert. Das Realmodell beschreibt das Realproblem durch die Zielfunktion, Minimierung der Summe der Überhänge und der Summe der Leerzeiten sowie den Parametern der Fließbandkonfiguration (vgl. Abschnitt 3.2.1). Während im Realproblem die Bearbeitungszeiten der einzelnen Aufträge an den jeweiligen Stationen aufgrund der differierenden Arbeitsleistungen der Fließbandarbeiter stochastisch sind, basiert das Realmodell auf deterministischen, im voraus bekannten Bearbeitungszeiten. Die Stochastik wurde also im Rahmen der Abstraktion über Bord geworfen. Somit erfolgte bereits beim Abstraktionsvorgang eine Problemreduktion.

Das so definierte Permutation–Flow–Shop–Problem kann jedoch aufgrund seiner Komplexität nicht in akzeptabler Zeit gelöst werden. Deshalb wurde das Realmodell auf ein algorithmisch besser lösbares Formalmodell relaxiert, indem das Reihenfolgeproblem als Traveling–Salesman–Problem dargestellt wurde. Als Bewertungskriterium dienen jetzt nicht mehr die Summen der Überhänge und der Leerzeiten. Stattdessen minimiert das Formalmodell eine Ersatzzielfunktion, nämlich die Summe der Distanzen. Das Traveling–Salesman–Problem ist jedoch aufgrund der exponentiell vielen Nebenbedingungen ebenfalls NP–vollständig. Zur Lösung des Traveling–Salesman–Problems stehen aber zahlreiche Heuristiken zur Verfügung, die schließlich als Entscheidungsgeneratoren in Frage kommen. Die verwendete 2–Opt–Heuristik stellt also ein Untermodell des Formalmodells dar. Dieses unterste Modell der Modellhierarchie wird schließlich nur noch durch einen Algorithmus beschrieben. Mit der Lösung dieses Untermodells, d.h. einer heuristisch ermittelten Auftragsfolge mit stark reduzierter Distanzsumme, erhält man gleichzeitig eine Lösung für alle übergeordneten Modelle und somit auch für das Realproblem.

Neben dem 2–Opt–Verfahren sind andere Entscheidungsgeneratoren denkbar. In Frage kommen außer den in Abschnitt 3.3.2 erläuterten r–Opt–Heuristiken Simulated Annealing (siehe AARTS / KORST 1988), Evolutionsverfahren (z.B. MÜHLENBEIN 1988) und einige andere mehr (siehe LAWLER / LENSTRA / RINNOY KAN / SHMOYS 1984). Untermodelle, die sich in ihrer Struktur nur geringfügig unterscheiden, können zu einer Untermodellklasse zusammengefaßt werden. Die bereits erwähnten r–Opt–Verfahren bilden eine solche Untermodellklasse auf der Ebene des Entscheidungsgenerators, während Simulated Annealing in eine andere Untermodellklasse fällt.

Analog hierzu existieren auch auf der Ebene des Formalmodells (und natürlich auch auf der Ebene des Realmodells) i.a. mehrere, z.T. sogar unendlich viele Modellklassen, die strukturähnliche Modelle enthalten. Die Modelle in der Klasse der Traveling–Salesman–Probleme unterscheiden sich in ihren Distanzfunktionen. In Abschnitt 3.3.1 wurden mit (3.37) und (3.39) bis (3.41) vier mögliche Distanzfunktionen und somit vier verschiedene Formalmodelle der gleichen Modellklasse vorgestellt. Weitere Modellklassen auf der Ebene des Formalmodells sind grundsätzlich denkbar. So wurde beispielsweise während des Modellbildungsprozesses die Klasse der Branch–and–Bound–Verfahren hinsichtlich ihrer Eignung für den vorliegenden Kontext untersucht. Diese Verfahren erwiesen sich jedoch als zu rechenintensiv.

Mit der in Abschnitt 4.2 durchgeführten Analyse der Qualität der Heuristik wurde der Entscheidungsgenerator anhand des Realmodells validiert, indem der Zusammenhang zwischen Überhangs- und Distanzsumme untersucht wurde. Entscheidungsgenerator und Realmodell besitzen verschiedene Zielfunktionen. Die Analyse in Abschnitt 4.2 ergab, daß mit der Distanzsumme eine adäquate Ersatzzielfunktion gegeben ist. Bei dieser Analyse handelte es sich also in Anlehnung an Abbildung 6.1 um die Entscheidungsvalidierung. Die empirische Validierung wurde bereits in Abschnitt 2.3.4 mit der Diskussion der Bewertungskriterien vollzogen. Das Realmodell beschreibt das Realproblem insofern richtig, da eine Minimierung der Überhänge und der Leerzeiten eine gleichmäßigere Auslastung der Stationen bewirkt. Die Zielfunktion des Realmodells modelliert deshalb die Zielfunktion des Realproblems. Offen bleibt die Ex–post–Validierung, die darin besteht, an einem real existierenden Fließband den Einfluß der Reihenfolgenplanung durch Vergleich von zufälligen mit optimierten Reihenfolgen zu analysieren.

Die vorangehenden Ausführungen verdeutlichten die grundlegende Systematik des Modellbildungsprozesses, der zu der heuristischen Reihenfolgeplanung bei Fließbandfertigung geführt hat. Eine analoge Vorgehensweise empfiehlt sich auch für ähnliche Problemstellungen. So ist es durchaus denkbar, die beschriebene Heuristik auf andere Reihenfolgeprobleme zu übertragen, bei denen man beispielsweise die Optimierung der Gesamtdurchlaufzeit verfolgt. Das im dritten Kapitel beschriebene Optimierungsverfahren ist somit nicht nur aus der Sicht seiner eigentlichen Zielsetzung, "Reihenfolgeplanung bei Fließbandfertigung", sondern auch im Hinblick auf die allgemeine Modellierungstheorie äußerst interessant und bedeutsam.

Abbildungsverzeichnis

Literaturverzeichnis

Aarts, E., Korst, J.
  Simulated Annealing and Boltzmann Machines,
  John Wiley & Sons, Chichester, Ney York, Brisbane, Toronto, 1988.

Christofides, N., Eilen, S.
  Algorithms for Large–scale Travelling Salesman Problems,
  in ORQ 23 (1972), Seite 511 – 518.

Dar–El, E., Cother, R.F.
  Assembly Line Sequencing For Model Mix,
  in Internat. J. Production Res., 1975, Vol. 13, No. 5, Seite 463 – 477.

Decker, M.
  Integrierte Reihenfolge- und Personaleinsatzplanung bei Fließfertigung,
  Diplomarbeit, Universität Mannheim, 1989.

Domschke, W.
  Logistik: Rundreisen und Touren,
  Oldenbourg Verlag, München, Wien 1982.

Frieze, A.M., Yadegar, J.
  A new integer programming formulation for the
  permutation flowshop problem,
  in European Journal of Operations Research 40 (1989),
  Seite 90 – 98, North–Holland.

French, S.
  Sequencing and Scheduling:
  An Introduction to the Mathematics of the Job–Shop,
  John Wiley & Sons, New York, Chichester, Brisbane, Toronto, 1982.

Gascon, A., Leachman, R.C.
  A Dynamic Programming Solution to the Dynamic, Multi–Item
  Single–Machine Scheduling Problem,
  in OR 36, No. 1 (1989), Seite 50 – 56.

Gupta, J.N.D.
  A Functional Heuristic Algorithm for the Flowshop Scheduling Problem,
  in ORQ, Vol. 22, No.1, Seite 39 – 47, 1971.

Hackstein, R.
Produktionsplanung und -steuerung (PPS),
VDI – Verlag, Düsseldorf, 1984.

Huckert, K.
Konstruktion, Güte und Komplexität von Algorithmen für
Ablaufplanungsprobleme,
Dissertation, Universität Saarbrücken, 1979.

Kilbridge, M., Wester, L.
The Assembly Line Model–Mix Sequencing Problem,
in Proc. Third Internat. Conf. Operations Research, Oslo,
English Universities Press, Paris 1963, Seite 247 –260.

Lawler, E.L., Lenstra, J.K., Rinnoy Kan, A.H.G., Shmoys, D.B.
The Traveling Salesman Problem,
John Wiley & Sons, Chichester, New York, Brisbane, Toronto, 1984.

Liesegang, G., Schirmer, A.
Heuristische Verfahren zur Maschinenbelegung bei Reihenfertigung,
ZfOR, Physica–Verlag, Band 19, Heft 5, 1975.

Lin, S., Kernigham, B.W.
An effective Heuristic Algorithm for the Traveling–Salesman Problem,
in OR 21 (1973), Seite 498 – 516.

Macaskill J.L.C.
Production–Line Balances for Mixed–Model Lines,
in Management Science, Vol. 19, No. 4, December, Part I, 1972,
Seite 423 – 434.

Mensch, G.
Ablaufplanung
Schriften des Instituts für Gesellschafts- und
Wirtschaftswissenschaften der Universität Bonn, Nr. 8,
Westdeutscher Verlag, Köln, Opladen, 1968.

Miltenburg, J.
Level Schedules for Mixed–Model Assembly Lines
in Just–In–Time Production Systems,
in Management Science, Vol. 35, No. 2, February, 1989, Seite 192 – 207.

Mühlenbein, H.
Kombinatorische Optimierung mit Evolutionsstrategien,
in c't, Verlag Heise, Heft 9, 1988, Seite 162.

Müller–Merbach, H.
Optimale Reihenfolgen,
Springer–Verlag, Berlin, Heidelberg, New York, 1970.

Müller–Merbach, H.
Operations Research, 3. Auflage,
Verlag Vahlen, München, 1971.

Neumann, K.
Operations Research Verfahren, Band I und III,
Oldenbourg Verlag, München, Wien, 1975.

Okamura, K., Yamashina, H.
A Heuristic Algorithm for the Assembly Line Model–Mix Sequencing
Problem to Minimize the Risk of Stopping the Conveyor,
Internat. J. Production Res., 1979, Vol. 17, No.3, Seite 233 – 247.

Roy, B.
Ablaufplanung: Anwendungen und Methoden,
Oldenbourg Verlag, München, Wien, 1968.

Schneeweiß, Ch.
Elemente einer Theorie betriebswirtschaftlicher Modellbildung,
in ZfB 1984, Seite 480 – 504.

Schneeweiß, Ch.
Einführung in die Produktionswirtschaft, 3. Auflage,
Springer–Verlag, Berlin, Heidelberg, New York, 1989.

Schneeweiß, Ch., Vaterrodt, J., Decker, M.
Integrierte Reihenfolgeplanung bei Fließfertigung (Fallstudie),
Diskussionsarbeit Nr. 34, Universität Mannheim, 1989.

Söhner, W.
Arbeitszufriedenheit — Ein Beitrag zur Modellentwicklung,
Dissertation, Universität Karlsruhe, 1985,
Hrsg.: Gesellschaft für Arbeitswissenschaft e.V.

Wöhe, G.
Einführung in die Allgemeine Betriebswirtschaftslehre, 13. Auflage,
Verlag Vahlen, München, 1978.

Zimmermann, W., Gerhardt, J.
Algorithmen zur maschinellen Bestimmung des optimalen
Fertigungsablaufes und Maschinenbelegungsplanes,
Zeitschrift für wirtschaftliche Fertigung 79 (1984), Heft 7, Seite 333–336.

Ch. Schneeweiß

Kapazitätsabgleich bei kurzfristigen Störungen

Inhaltsverzeichnis

1. Problemstellung

Störungen im Produktionsbereich zeichnen sich allgemein dadurch aus, daß Kapazitätsbedarf und -angebot nicht übereinstimmen. Derartige Störungen können sich (angebotsseitig) beispielsweise darin äußern, daß Maschinen ausfallen, Mitarbeiter krank werden oder ein Materialmangel auftritt. Bedarfsseitig ist jede Abweichung von einem längerfristig angenommenen Auftragsverlauf als Störung anzusehen.

Störungen können von unterschiedlicher Größe und Fristigkeit sein. So kann man lang-, mittel- und kurzfristige Störungen unterscheiden, zu deren Vermeidung sehr unterschiedliche Aktivitäten ergriffen werden (SCHNEEWEISS 1988). Störungen treten also auf allen produktionswirtschaftlichen Planungsstufen auf, auch wenn wir im folgenden eher das Auftreten kurzfristiger Kapazitätsdisparitäten im Blickfeld haben. Dabei ist klar, daß die Vermeidung oder Beseitigung einer kurzfristigen Störung keineswegs eine kurzfristige Aufgabe ist, sondern typischerweise mindestens zwei Stufen umfaßt. Auf Seiten des Ressourcenangebots werden in einer mittel- bis langfristigen Planung Potentiale aufgebaut, die dann in einer zweiten Stufe kurzfristig zur Störungsvermeidung oder -beseitigung genutzt werden können. Eine ähnliche Stufenstruktur findet man auch auf der Bedarfsseite. Hier dient die mindestens zweistufige Glättung des Bedarfs durch Puffer und Sicherheitsbestände (SB) der Störungsvermeidung, so daß wir schematisch die in Abbildung 1 dargestellte Situation vor Augen haben.

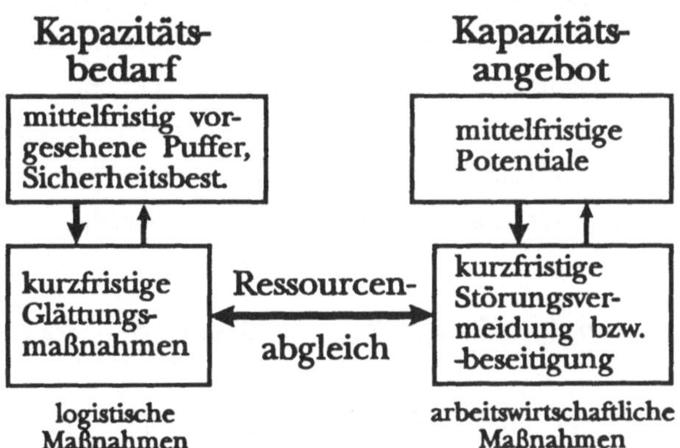

Abbildung 1:   Schema der Störungsvermeidung

Man erkennt, daß zum Abgleich von Ressourcendisparitäten auf der Bedarfsseite ablauflogistische Maßnahmen ergriffen werden, während auf der Angebotsseite geeignete Kapazitäten bereitzuhalten sind. Sie sind unter Beachtung ihrer kurzfristigen Nutzung hierarchisch zu planen. Wie Abbildung 1 zeigt, ist diese Planung insofern vergleichsweise komplex, als nicht nur eine, sondern zwei zumindest in der Basis verknüpfte Hierarchien zu gestalten sind.

Im folgenden werden wir uns besonders auf arbeitswirtschaftliche Maßnahmen konzentrieren, d.h. auf den Aufbau und die Nutzung von Personalkapazitäten. Dabei wird deutlich, daß sich der arbeitswirtschaftliche Aktionsbereich keineswegs nur auf Instrumente eines eng interpretierten Arbeitszeitmanagements bezieht, sondern sämtliche arbeitsorganisatorische Maßnahmen miteinschließt. Darüber hinaus gilt es, die enge Verzahnung dieser Instrumente mit produktionswirtschaftlichen Gestaltungsmöglichkeiten sichtbar werden zu lassen.

2. Charakterisierung von Störungen bei Variantenfertigung

Der simultane Einsatz arbeitswirtschaftlicher und produktionslogistischer Maßnahmen zur Vermeidung kurzfristiger Störungen soll an der konkreten Situation der Variantenfertigung aufgezeigt werden. Eine solche Fertigung kann in der Organisationsform einer Fließ- oder Werkstattfertigung oder auch als Zusammenstellung mehrerer Fertigungsinseln und flexibler Fertigungsanlagen vorliegen. Um etwas Konkretes vor Augen zu haben, stelle man sich entsprechend Abbildung 2 ein Montageband vor, auf dem unterschiedliche Varianten eines Aggregates (z.B. Motors, Getriebes, Meßinstruments oder Fahrzeugs) gefertigt werden.

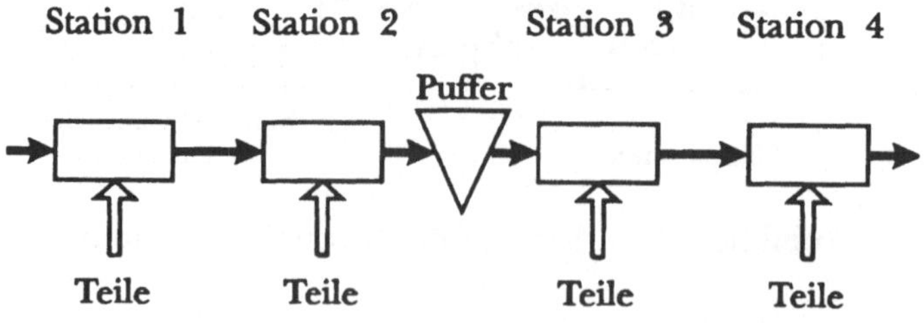

Abbildung 2:   Ausschnitt eines Montagebandes mit Puffermöglichkeit

Um zu einer Klassifikation der verschiedenen Instrumente zu gelangen, betrachten wir zunächst einen typischen Produktionsablauf mit seinen wichtigsten Störanfälligkeiten und den zu ihrer Beseitigung zu ergreifenden Maßnahmen (vgl. Abbildung 3).

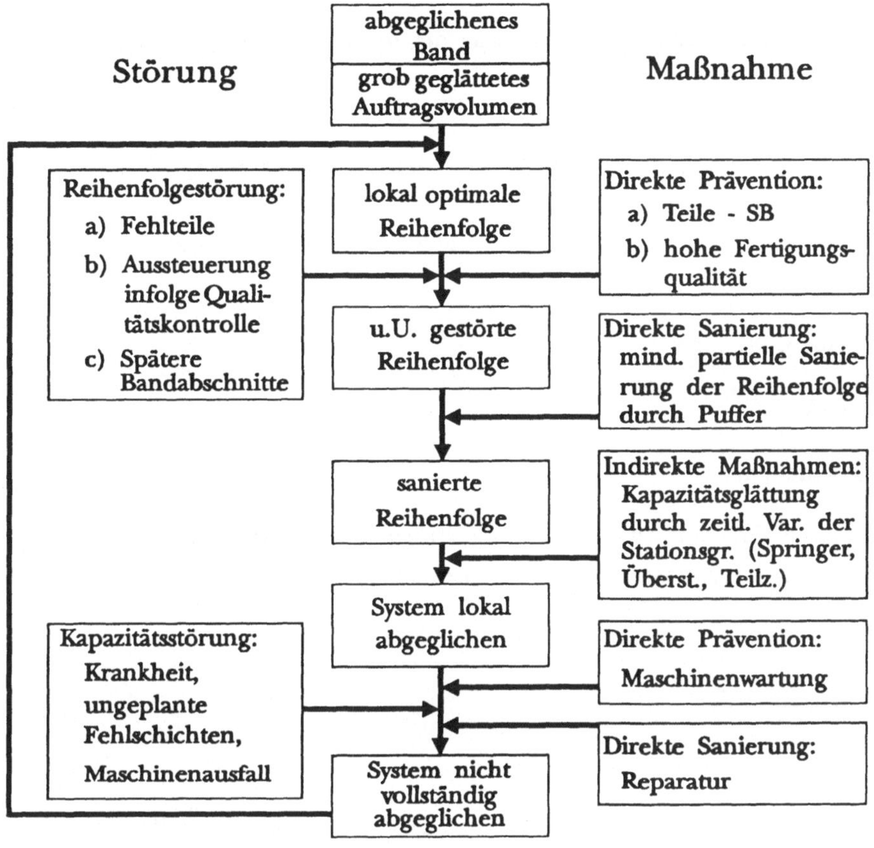

Abbildung 3:   Störungen und Möglichkeiten zu ihrer Beseitigung

Ausgangspunkt sei das für mehrere Tage festliegende Auftragsvolumen unterschiedlicher Varianten. Aus diesem Auftragsvolumen ist zunächst eine Reihenfolge zu bilden, die die Bandkapazität möglichst gleichmäßig nutzt, wobei u.U. das Band neu auszutakten ist. Ist das Band durch Puffer in mehrere Abschnitte geteilt, und erlauben diese Puffer eine Veränderung der Reihenfolge, so braucht nur für den Bandabschnitt bis zum nächsten Puffer eine kapazitätsabgleichende Reihenfolge gefunden zu werden. Dabei wird allerdings vorausgesetzt, daß die Puffer hinreichend große Reihenfolgeänderungen gestatten. Ist dies nicht der Fall, so hat die Reihenfolgeplanung auch die Kapazitätssituation jenseits des nächsten Puffers zu beachten. (Die Ausarbeitung von SÖHNER zeigt, wie eine solche Reihenfolgeplanung vorgenommen wird.)

Diese hinsichtlich des Kapazitätsbedarfs und -angebots abgeglichene Ausgangssituation kann nun dadurch gestört werden, daß

   a) Teile fehlen (was zur Rückstellung der betroffenen Variante führt)

   oder

   b) infolge einer Qualitätskontrolle eine Aussonderung erfolgt.

Die Vermeidung bzw. Beseitigung der aufgeführten materiallogistischen Störungen a) und b) kann auf

   – direkte und/oder

   – indirekte

Weise geschehen.

Eine **direkte Vermeidung** greift an der Störung selbst an, während die **indirekten Maßnahmen** die negativen Aspekte ihrer Folgewirkungen zu lindern suchen.

Die direkte Vermeidung bzw. Beseitigung kann man wieder in

   – Präventiv- oder

   – Sanierungsmaßnahmen aufteilen.

Präventivmaßnahmen vermeiden eine Störung durch Vorhalten von Potentialen, deren Existenz es i.d.R. nicht zu einer Störung kommen läßt. So wird z.B. durch gewissenhaft arbeitende Mitarbeiter ein hoher Qualitätsstandard erreicht, so daß Störungen infolge unzureichender Qualität von vornherein nur selten auftreten. Auch eine nicht zu knapp bemessene Taktzeit könnte positive Auswirkungen haben. Materiallogistisch können Störungen auch dadurch vermieden werden, daß durch Einrichtung von Sicherheitsbeständen das Auftreten von Fehlteilen weitgehend vermieden wird. Eine Just–in–Time–Anlieferung an das Band, insbesondere von weit entfernten Fertigungsstätten, verringert die Möglichkeit von Präventivmaßnahmen.

Eine **Sanierungsmaßnahme** wird ergriffen, nachdem die Störung bereits eingetreten ist. Sie besteht z.B. darin, durch Neuanordnung eine durch Fehlteile hervorgerufene Veränderung der Reihenfolge in ihrer negativen Wirkung wieder (weitgehend) "auszubügeln".

Neben den direkten Maßnahmen zur Störungsvermeidung und -beseitigung stehen jedoch auch **indirekte Maßnahmen** zur Verfügung. Sie beziehen sich häufig auf das Kapazitätsangebot. So kann man z.B. einen Ausgleich der Nachfrage- und Angebotsdisparitäten dadurch erreichen, daß man die Kapazität angleicht. Hierzu kann man bandinterne und -externe Springer einsetzen. Die internen Springer (Floater) gleichen innerhalb des Bandes eine Kapazitätsschwankung aus, was z.B. durch Parallelarbeit an einer Station erreicht werden kann. Externe Springer sind aus anderen Abteilungen abzuziehen. So kann man z.B. die Möglichkeit eines Ausgleichs zwischen Fertigung und Entwicklung oder zwischen Montage und Vorfertigung vorsehen. Je mehr allerdings die Vorfertigung nach dem Just–in–Time–Prinzip arbeitet, desto schwieriger werden auch hier die Ausgleichsmöglichkeiten.

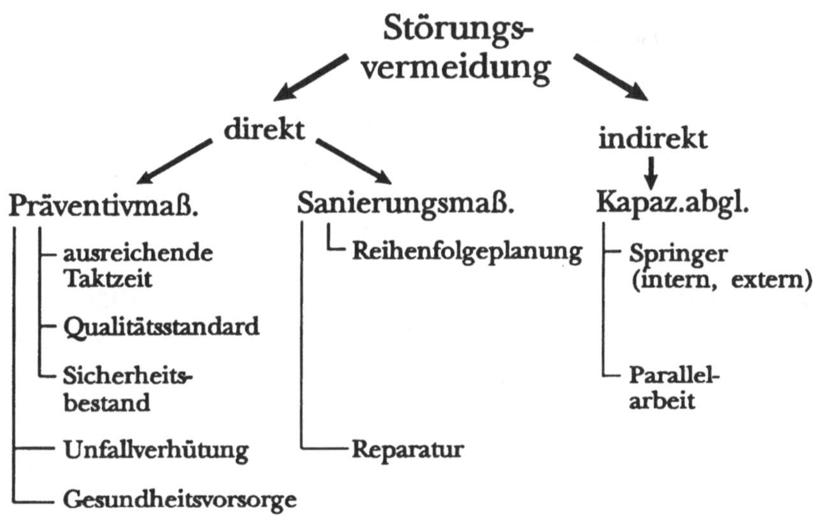

Abbildung 4:   Störungsvermeidende Maßnahmen

Nun treten nicht nur materiallogistische Störungen auf, zu deren Beseitigung logistische und auch kapazitätsglättende Maßnahmen ergriffen werden, sondern umgekehrt, **auch das Kapazitätsangebot unterliegt Störungen.** Typische Beispiele wären Krankheit oder allgemein: ungeplante Freischichten oder auch Maschinenausfälle. Als direkte Präventivmaßnahme könnte bspw. das Angebot einer Unfallverhütung und Gesundheitsvorsorge (z.B. einer Grippeschutzimpfung) und,

hinsichtlich der Maschinen, die regelmäßige Wartung und vorbeugende Instandhaltung gelten. Eine direkte, in der Verantwortung des Unternehmens liegende
Sanierungsmaßnahme bestünde in der Reparatur defekter Maschinen.

Alle diese direkten Maßnahmen können weiter durch indirekte (materiallogistische)
Eingriffe abgestützt werden. Auf sie wurde bereits ausführlich eingegangen, so daß
wir uns in Abbildung 3 mit einem Rückführungspfeil begnügen. Abbildung 4 faßt
die Maßnahmen nochmals übersichtlich zusammen.

3. Integrierte Strategien zur Störungsvermeidung und -beseitigung

Mit der Charakterisierung kurzfristiger Störungen wurde bereits auf bestimmte
Möglichkeiten ihrer Vermeidung bzw. Beseitigung hingewiesen. Dabei handelte es
sich jedoch meist um lokale Einzelmaßnahmen. Jetzt soll versucht werden, Zusammenhänge aufzuzeigen. Leitgedanke ist hierbei die Überlegung, daß logistische und
arbeitsorganisatorische Instrumente simultan einzusetzen sind. Tabelle 1 verdeutlicht beispielhaft die wichtigsten Zusammenhänge.

Kurzfristig, so hatten wir festgestellt, können Kapazitätsdisparitäten dadurch abgeglichen werden, daß man die Reihenfolge der Montageaufträge verändert und simultan dazu die Kapazität durch Springereinsatz angleicht. (Etwas längerfristig ist
es bisweilen auch möglich, Überstunden anzuordnen und Freischichten kapazitätsorientiert zu vergeben). Diese kurzfristigen Maßnahmen sind jedoch nur möglich,
wenn hierzu mittel- bis langfristig Potentiale aufgebaut werden, deren Größe von
dem erwarteten Umfang der Störungen und den vorgesehenen Gegenmaßnahmen
abhängt (vgl. mittlere Zeile in Tabelle 1).

Im Falle **logistischer** Vorkehrungen hat die Aufbauorganisation vor allem dafür zu
sorgen, daß Produktionspuffer vorhanden sind, innerhalb derer eine kurzfristige
Veränderung der Reihenfolge möglich ist. Ferner sind Sicherheitsbestände an
Zulieferteilen vorzuhalten, deren Höhe mittelfristig von der zeitlichen Streuung der
unterschiedlichen Varianten abhängt. Auf der arbeitsorganisatorischen Seite ist vor
allem dafür zu sorgen, daß die Arbeitsstationen am Band nicht zu klein sind und
genügend Springer zum kurzfristigen Einsatz bereitstehen.

	logistisch	arbeits-organisatorisch
mittelfristige Störungen	Nachfrageglättung	Verteilung der Jahresarbeitszeit
mittelfristige Potentiale	Aufbauorganisation (SB und Puffer)	Springer-potential
kurzfristige Störungen	Reihenfolgeplanung	Springereinsatz Freischichten Überstunden

Tabelle 1   Hierarchisch strukturierte logistische und arbeitsorga-nisatorische Maßnahmen zur Störungsvermeidung und -beseitigung

Fassen wir noch einmal die wesentlichsten Aspekte zusammen: Der kurzfristige Einsatz von Springern und die Veränderung der Auftragsreihenfolge verlangen den mittelfristig abgestimmten Aufbau von Puffern und Sicherheitsbeständen sowie die Bereitstellung von Springern. Dabei läßt sich das Abstimmungserfordernis von mittel- und kurzfristigen Maßnahmen im logistischen und arbeitsorganisatorischen Bereich anhand Abbildung 5 gut erläutern:

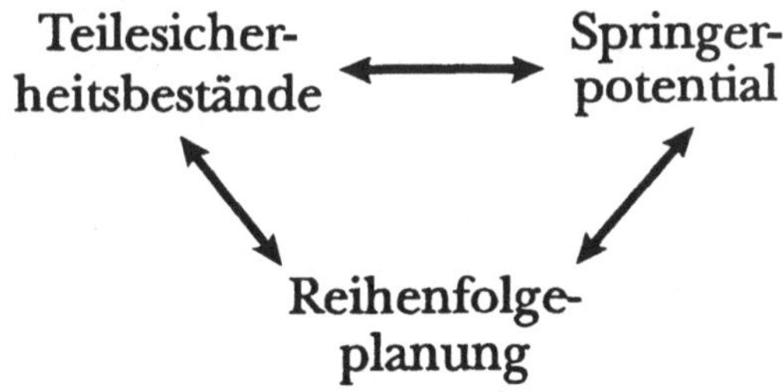

Abbildung 5:   Abstimmung von logistischen und arbeitsorganisatorischen Maßnahmen

Eine Reihenfolgeplanung wird umso unbedeutender, je häufiger die Gefahr besteht, daß durch nicht vorhandene Sicherheitsbestände Fehlteile auftreten. Andererseits kann durch ein großes Springerpotential eine gestörte oder auch ungenügend optimierte Reihenfolge eher "verkraftet" werden. Damit zeigt sich ein unmittelbarer Zusammenhang zwischen der Güte der Reihenfolgeplanung und den Kosten, die einerseits Sicherheitsbestände und andererseits das Springerpotential verursachen. Hier einen Abgleich zu schaffen, ist Aufgabe einer umfassenden Planung.

Besonders interessant ist hierbei, daß das Just–in–Time–Prinzip in zweifacher Weise die Planungsaufgabe erschweren kann: Werden die Teile Just–in–Time ohne Sicherheitsbestände von externen Zulieferern direkt ans Band geliefert, so dürften Fehlteile die Regel sein. Ist ferner die Vorfertigung nach dem Just–in–Time–Prinzip organisiert und rekrutiert sich das Springerpotential weitgehend aus diesem Bereich, so wird dessen kurzfristige Verfügbarkeit immer fraglicher. Diese Beobachtungen hinsichtlich eines erhöhten Planungsbedarfes bei Einführung des Just–in–Time–Prinzips sind nicht neu, sie machen jedoch wiederholt deutlich, welch weitreichende Wirkungen dessen Einführung haben kann.

Abschließend sei noch auf die erste Zeile in Tabelle 1 hingewiesen. Sie bezieht sich auf Maßnahmen, die im Rahmen mittelfristiger "Störungen" ergriffen werden. Hierzu gehört auf logistischer Seite die Nachfrageglättung, die man z.B. durch Lagerbestände oder Marketingmaßnahmen herbeiführen kann. Auf Seiten der Arbeitsorganisation wäre vor allem an die zeitliche Verteilung der Jahresarbeitszeit zu denken. Beide Maßnahmenbündel sind aufeinander abzustimmen. Das Bedeutsame jedoch ist, daß die Maßnahmen zur mittelfristigen Störungsvermeidung gleichzeitig die kurzfristigen Maßnahmen beeinflussen. Plant man z.B. nach dem Jahresarbeitszeit–Konzept (siehe GÜNTHER / SCHNEEWEISS) Freischichten ein, so ergeben sich in den einzelnen Wochen unterschiedliche Anzahlen an Freischichten und damit veränderte kurzfristige Manövriermöglichkeiten. Analoge Überlegungen gelten beim temporären Aufbau von Glättungsbeständen und deren Nutzung als Sicherheitsbestände.

Zusammenfassend können wir feststellen, daß kurzfristige Glättungen (unterer Doppelpfeil in Abbildung 6) durch mindestens zwei mittelfristige Maßnahmen gestützt werden:

- durch Potentiale für ausschließlich kurzfristig einsetzbare Instrumente (senkrechte Pfeile in Abbildung 6)

- durch Maßnahmen, die zur Beseitigung mittelfristiger Störungen (und damit letztlich auch kurzfristiger Störungen) herangezogen werden (oberer Doppelpfeil in Abbildung 6).

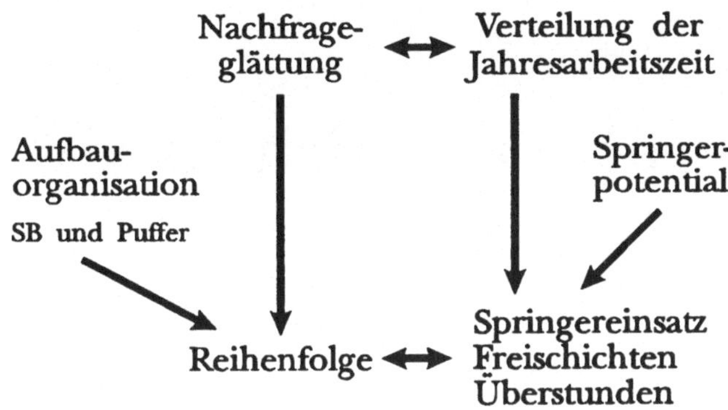

Abbildung 6:   Hierarchischer Planungszusammenhang logistischer
und arbeitsorganisatorischer Maßnahmen

4. Abschließende Bemerkungen

Die Ausführungen haben gezeigt, daß die Reihenfolgeplanung nicht isoliert vom übrigen Produktionsgeschehen und von der Personalkapazität geplant werden kann. Vielmehr ist eine Fülle von Interdependenzen zu beachten, die die Planung insgesamt wesentlich komplexer werden lassen. Andererseits wird durch die Vielzahl der Instrumente die Chance eröffnet, weitere, oft nicht quantitativ faßbare Aspekte, durch eine entsprechend angepaßte Wahl der Maßnahmen berücksichtigen zu können.

Literaturverzeichnis

Günter, H.–O., Schneeweiß, Ch.
   Kapazitative Wirkungen von Arbeitszeitflexibilisierungen,
   in Zfbf, Heft 10, 1988.

Schneeweiß, Ch.
   Zur Bewältigung von Unsicherheiten in der
   Produktionsplanung und -steuerung,
   in Lücke, W. (Hrsg.), Betriebswirtschaftliche Steuerungs- und
   Kontrollprobleme, Gabler, Wiesbaden, 1988.

Schneeweiß, Ch.
   Hierarchische Planung,
   in WISU, 10/89, Seite 564 – 571.